焼畑が地域を豊かにする

火入れからはじめる地域づくり

鈴木玲治・大石高典・増田和也・辻本侑生 編著

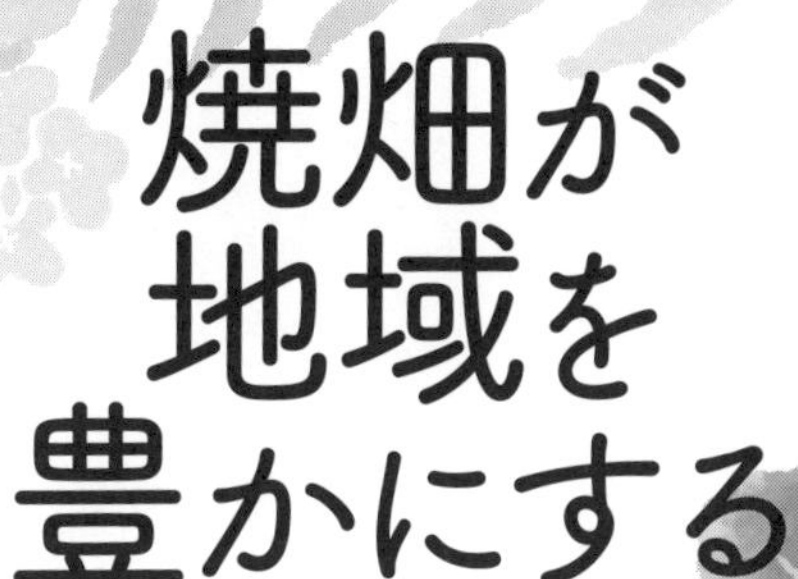

実生社

はじめに

本書は、日本各地で今まさに焼畑をしている人々の、様々な思いを集めた本です。21世紀のこの日本で焼畑が営まれていること自体が驚きかも知れませんが、近年は焼畑の意義が様々な角度から見直され、ここ十数年で焼畑復活の狼煙(のろし)が各地で上がっているのです。

詳しくは本編で説明しますが、焼畑は化学肥料も除草剤も不要な農業で、焼畑ならではのおいしい作物が育ちます。また、焼畑を森林破壊の元凶とみなす人も多いのですが、それは誤解です。それどころか、焼畑をうまく活用すれば、手入れ不足で荒廃する日本の里山林やスギ・ヒノキの人工林を蘇らせることも可能です。さらに、火入れを観光資源として活用する地域や、焼畑を核に都市と農村、若者と高齢者の交流が深まっている地域もあります。本書のタイトル通り、まさに「焼畑が地域を豊かにする」のです。「そんな荒唐無稽な話、本当?」と思った方は、ぜひ最後まで本書に目を通してください。きっと焼畑への見方が180度変わるのではないかと思います。

本書は3部構成になっています。第1部では、科学的な視点から焼畑が環境破壊的な農業ではなく、持続的・循環的な農業であることを示し、日本各地の現代の焼畑を概観しながら焼畑の未来の可能性を探ります（第1章）。また、日本の焼畑の歴史を振り返りながら、焼畑復活が古くは1970年代から現在まで脈々とつながる一連のうねりであることを示し（第2章）、焼畑を今まさに営む人々がなぜ焼畑に惹かれるのか、第2部や第3部を先取りする形でその魅力を伝えます（第3章）。

第2部（第4～7章）では、宮崎県椎葉、静岡県井川、山形県温海、新潟県山北、福井県味見河内、熊本

県水上、高知県仁淀川、島根県奥出雲で行われている焼畑を紹介します。江戸時代から受け継がれるもの、行政や地域おこし協力隊、森林組合が関わるもの、「本物」の味を求めるもの、長期の森づくりを目指すもの、都市住民の楽しみとして、あるいは大学が教育の一環として始めたものなど、多種多様な焼畑に関わる人々がその魅力を語ります。

第3部では、編者らが所属する「火野山ひろば」が、滋賀県余呉で取り組む焼畑を紹介します。第8章で活動概要を示し、第9〜14章で余呉の焼畑に伝わる伝統的な技術や知恵、火入れ後の土壌や植生の変化、害虫対策、作物の選抜育種と地域ブランド化などのトピックを紹介しながら、地域外の人が焼畑に関わる意義を考えます。また、主なトピック8つを4コマ漫画にまとめました。文章が堅苦しくてわかりにくいと感じた皆さん、ぜひ漫画を先に読んでみてください。コラムでは人と火と山野の関わりの記憶をたどりながら、火入れ復活に至る道のりを振りかえり、火と暮らしが共にある豊かな未来への思いを描きます。

以上が本書の構成です。第1部から順番に読まなくてもいい構成にしていますので、興味のあるトピックからご自由に読みすすめてください。焼畑を過去の生業として振り返るのではなく、焼畑の今に着目し、焼畑の未来の可能性を語っていることが本書の大きな特徴です。一人でも多くの皆さんに、日本の焼畑の魅力や面白さが伝われば幸甚です。

また、火入れや収穫祭には、一般参加者を募集している地域も多いです。本書をきっかけに焼畑に興味がわいてきた皆さん、ぜひ一緒に焼畑をやってみませんか?

鈴木玲治

もくじ

第2部　全国にひろがる焼畑の輪――焼畑が豊かにする地域

4 伝統の継承と復興　040

5 焼畑カブのブランド化　070

6 村外者、移住者と焼畑実践　102

7 教育・研究と焼畑実践　116

第1部

焼畑は「環境破壊」か

——みなおされる現代の焼畑

1 今、なぜ焼畑なのか？ 新たな可能性を紡ぎだす試み

京都先端科学大学
鈴木　玲治

1 焼畑の再考と再興

焼畑というと、皆さんはどのようなイメージを思い浮かべるでしょうか。「技術的に遅れた農法」、「環境破壊の元凶」、「昔の農法で、現代日本ではもはや消滅」。このようなマイナスイメージをもつ人は少なくないでしょう。

一方、近年は焼畑を再評価する動きが各地でみられるようになりました。特に２０１０年代以降、日本国内では焼畑復活の動きが活発化しているのです。

本章では、こうした動きをふまえつつ、いささか否定的に捉えられがちな焼畑をいま一度みつめなおし、焼畑農法とは何かを農学・生態学の観点から説明します。そして、今日の多くの人が抱く「焼畑悪玉論」がなぜ浮かんできたのかを考えます。

こうした焼畑に対する偏見とは別に、科学の視点から客観的に焼畑を評価しようとするのが学術研究です。それでは、研究者たちは焼畑をどのようにみてきたのでしょうか。本章では国内の焼畑を対象としたこれ

までの研究をたどりつつ、研究者自らが焼畑を実践しながら行う新しい焼畑研究のスタイルを提唱します。筆者は２００９年より滋賀県長浜市余呉町でこのような実践型の焼畑研究に取り組みながら、日本各地で復活している焼畑の現場も訪ねてきました。そして、２０１７年からは全国の焼畑実践者をつなぐ場として「焼畑フォーラム」を開催してきました。そうした私自身のこれまでをたどりながら、現代日本における焼畑復活の動きを整理するとともに、焼畑実践から紡ぎだされる様々な可能性について述べていきます。

2　「焼畑悪玉論」とその背景

焼畑では、森林や草地などの伐採・火入れにより耕作地を拓き、１〜数年程度の作物栽培を行った後に耕作を止めて土地を休ませます（休閑期）。そうすると自然に植生や地力が回復してくるので、十分に土地を休ませた後、同じ場所に戻って再生した林野に火を入れます（図１）。自然の再生力を上手く活かした循環的な農業が焼畑であり、決して環境破壊を引き起こすような破壊的・収奪的な農業ではないのですが、焼畑をこのように理解している日本人はまだまだ少数派だと思います。

焼畑に対する代表的なマイナスイメージとしては、①森林を焼いて行う粗放的・原始的な農業、②熱帯林の減少や山火事を引き起こす大規模な焼き払い、

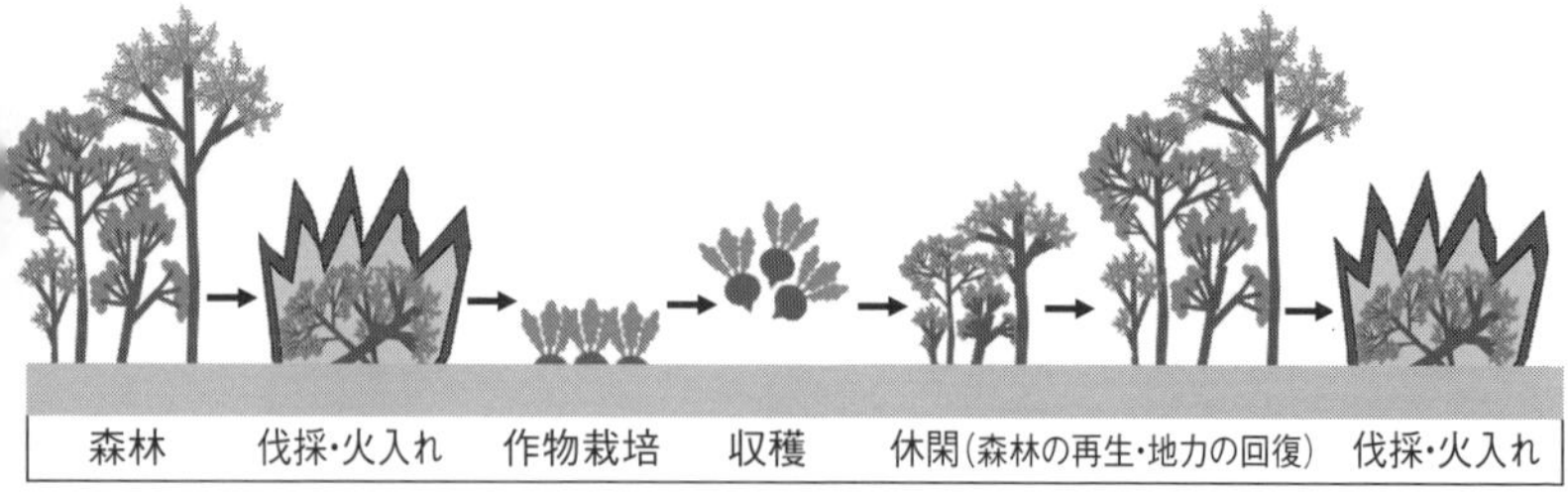

図１　焼畑農法の模式図
出所：筆者作成。

③燃焼で多量の二酸化炭素を発生させる地球温暖化の要因などが挙げられます。詳細は第11章で述べますが、焼畑では火入れ後の灰に残るミネラル類などが肥料になると共に、土壌中の雑草の種子が焼かれるため雑草も減ります。このため、焼畑は化学肥料や除草剤が基本的に不要で、究極の有機農法とも呼ばれます。私も余呉で10年以上焼畑による赤カブ栽培を続けていますが、化学肥料や除草剤は一度も使用していません。図1に示すように、焼畑は休閑期の自然の再生力を最大限に活かして次のサイクルの火入れに必要な草木を回復させる持続的・循環的・合理的な農法といえ、①でイメージされるような粗放的・原始的な農業ではないのです。

②のイメージは、火入れで大規模な農地を造成する熱帯のプランテーション農業などが、焼畑と混同された結果生まれたものだといえます。大規模プランテーション農業では、図1に示すような循環的な利用はなく、農地を手っ取り早く造成するために草木を焼いているに過ぎません。このような農業は単に火入れで農地を開墾しただけであり、焼畑とは全く無関係のものです。

話は少し変わりますが、現在の日本では、薪炭の採取や堆肥用の落葉かき等で人々の暮らしと密接に関わってきた里山林が手入れされなくなった結果、鬱蒼とした暗い林になり、明るい場所を好む生き物の生育場所が減少しています。このような手入れ不足の里山林を焼畑に拓けば休閑期には多様な生物を育む植生が自然に再生し、里山林の若返りが期待できます。焼畑は森林破壊の元凶であるどころか、荒廃する里山再生の切り札のひとつですらあると私は考えています。

③のイメージも誤解といえます。焼畑の火入れで発生する二酸化炭素は、概ね十数年程度の休閑期に植物が光合成で大気中から取り込み、植物体内に貯めていたものです。もともと大気中にあった二酸化炭素

が火入れで再び大気に戻るだけなので、基本的にカーボンニュートラル[1]な農業といえます。化石燃料の燃焼とは違い、焼畑は長期的な二酸化炭素の増加と地球温暖化をもたらすものではないのです。

それでは、なぜこのようなマイナスイメージが、なかなか払拭されないのでしょうか。佐藤洋一郎（２０１１『焼畑の環境学』思文閣出版）が指摘しているように、近世や近代の日本の支配層が焼畑を忌避し、その廃止をもくろんできたような歴史的背景が、現代の焼畑への偏見の下敷きになっているのは事実だと思います。また、１９８０年代のＦＡＯ（国連食糧農業機関）などの国際機関の報告書において、当時国際的な注目が集まっていた熱帯林破壊の主要因に焼畑が挙げられたことが、世界的に焼畑のマイナスイメージが広まっていく契機になったようです。さらに、１９８０年代にはまだ生まれていなかった現代の若者も焼畑にマイナスイメージを持つ人が少なくないですが、佐藤廉也（２０１６「高校地理教科書における焼畑記述――誤解の拡散とその背景」『待兼山論叢・日本学篇』50、1〜20頁）はその要因に高校の地理の教科書を挙げています。佐藤は6社14冊の地理の教科書における焼畑の記述箇所を全て確認し、「焼畑に関して正しい記述をしている箇所もいくつか認められるものの、大半は農法の性格、森林破壊との関連、もしくは変容に関して何らかの錯誤がある」と結論づけています。

近年は新聞やネットニュースで「焼畑商業」、「焼畑商法」などの言葉をしばしば目にするようになりました。その意味を調べると、「社会問題となっている大型チェーンストアの出店方式のひとつ。焼畑農業になぞらえ、地域の商業地の商機を一網打尽に奪った挙句、過当競争によって採算が取れなくなると撤退する事業展開をとる事業者およびその行為」（ウィキペディア）とあり、経済学・経営学などの分野では同様の意味で「焼畑的」などと使われている事例も多くあります。このように、焼畑の本質を誤解している人が、「誤った認識に基づく焼畑」になぞらえた造語を拡散していることも、焼畑に対するマイナスイメージがなかなか払拭されない要因になっているように思います。

以上のように様々な原因が相まって、焼畑に対する理解がなかなか広まっていかないというのが日本の現状です。

3 焼畑研究は何を明らかにしてきたのか？

それでは、焼畑のこのような誤った認識に対し、焼畑研究はこれまでにどのような影響を与えてきたのでしょうか。本章では、日本の焼畑を対象にした研究、特に日本語で書かれたものに焦点を絞って考えていきます。

日本の焼畑に関しては、1930年代頃から主に地理学や民俗学分野の研究がみられますが、こうした初期の研究では焼畑は特殊で遅れた農業とされ、原始的、略奪的な農業と捉える傾向が拭えなかったようです（米家泰作 2019『森と火の環境史』思文閣出版）。戦後日本の焼畑研究の成果としては、詳細なフィールドワークに基づき日本全国の焼畑を類型化した佐々木高明による『日本の焼畑』（1972 古今書院）が有名です。その後、民俗学分野では日本全国の焼畑民俗を体系的にまとめた野本寛一による『焼畑民俗文化論』（1984 雄山閣出版）や、白山麓における焼畑の技術体系、作物、儀礼等を詳細にまとめ上げた橘礼吉による『白山麓の焼畑農耕』（1995 白水社）が出版されています。これらの研究では焼畑が原始的、略奪的な農業と捉えられることはなく、焼畑を営む人々に受け継がれてきた伝統的な技術や知恵、民俗などの貴重な知見が蓄積されていきました。また、人類学分野では、福井勝義が『焼畑のむら』（1974 朝日新聞社）

で高知県椿山における焼畑農業の実態とむらの社会生活を詳細に描いています。福井は火入れがもたらす養分添加効果や雑草抑制効果、休閑期の植生回復などの調査も行っており、その後に編纂された『日本民俗文化体系5 山民と海人』（大林ほか1983 小学館）の中でも、農学や生態学的視点からその合理性を論じています。

一方、農学や生態学分野の研究者による日本の焼畑研究の蓄積はそれほど多くありません。焼畑に対する農学者や生態学者の興味関心が深まった頃には日本の焼畑はそのほとんどが姿を消しており、土壌、作物、植生などの調査を行うに十分な規模の焼畑が営まれる熱帯諸国での研究に労力が注がれるようになったことも、その一因に挙げることができるでしょう。この分野の精力的な研究成果としては、雑誌『農作業研究』などで1979〜1991年に発表された菅原清康、新藤隆らによる一連の研究報告が挙げられます。この研究では、主に東北・北陸地方の焼畑を中心としたアンケート調査、聞き取り調査および実験区を設定しての実証研究に基づき、焼畑の作付け体系の成立要因、火入れや耕起と雑草の関係、焼畑放棄後の植生回復、獣害防除など、様々な成果がとりまとめられています。農学や生態学分野では、先述の佐々木や野本が行ったような詳細なフィールドワークに基づいて日本各地の焼畑を横断的に比較した研究はありませんが、日本でわずかに残された焼畑地域や実験的に再現した焼畑で行われたこれらの分野の研究成果は、2000年代以降も主に学術雑誌で発表されています。

また、熱帯諸国における農学や生態学分野の研究蓄積は非常に多く、伝統的焼畑民の営む長期休閑型の焼畑は森林の伐採・再生サイクルをうまく活かした農業で、森林破壊の要因でないとする生態学的研究や、焼畑は化学肥料や除草剤に頼らない山地の生態資源を活かした持続的な食糧生産手段であるとする農学的研究は多数あります。その中には日本語で書かれているものもあります。
このように、前節で挙げた焼畑に対するマイナスイメージを払拭するに十分な研究蓄積はあるのですが、これらはあくまで研究者、特に焼畑研究者の世界の中に限られた共通認識にとどまっています。学術書や学術論文は多数あっても、一般向けに書かれた書籍が少ないことがその一因といえるでしょう。一般社会に向けた情報発信。これこそが、本書の大きな役割の一つです。

 焼畑研究から焼畑実践へ

私自身が焼畑に関わるようになったのは2001年からで、博士論文の研究対象地であったミャンマーをフィールドに焼畑研究をスタートしました。熱帯林破壊の元凶ともされてきた東南アジアの焼畑が、実際には森林生態系にどのような影響を与えているのか、自分自身の目で確かめたかったのが当時の研究に対する思いです。ミャンマーやラオスの焼畑村に入り、土壌調査、植生調査、聞き取り調査と、衛星画像や地理情報システム（GIS）を用いたデータ解析を行い、いわゆる「虫の目」と「鳥の目」を組みあわせた調査を続けてきました。過去10~15年程度の焼畑移動耕作の変遷と、それに伴う休閑地植生の回復状況等を解析してきた結果、「焼畑悪玉論」に異を唱えるに十分な実証的データが得られ、焼畑に対する自分自身の理解も深まったと思っていました。

その一方で、一般社会に向けた成果の情報発信はできておらず、ミャンマーやラオスの焼畑村に対しても何かを還元できた訳ではありませんでした。また、大学の職務上、海外出張が可能な時期や期間も限られるため、伐採・火入れから収穫に至るまでの一連の作業を全て観察できた訳ではなく、聞き取り調査の

みでしか確認できていない技術や知恵も少なくありません。長期にわたる調査でミャンマーやラオスの焼畑を理解したつもりになっていましたが、現場での実感を伴う深い知識が得られた訳ではなかったのです。

そのことに気づくきっかけとなったのが、「火野山ひろば[2]」というグループの一員として余呉町で取り組み始めた焼畑実践です（詳細は本書第3部）。余呉での焼畑に関わり始めた当初は、漠然とそれまでの焼畑研究の延長線上での活動を考えていましたが、伐採・火入れ・播種・除草・獣害対策・間引き・収穫など、焼畑に必要な一連の作業に取り組み始めると、自分の都合で時期を選んで現地を訪れていたこれまでの焼畑研究のような関わり方は通用しないことを思い知らされました。当たり前のことですが、一連の作業のどれが欠けても焼畑の作物は育たず、一つの失敗が作物収量に大きな影響を与えるのです。さらに、地元との調整、火入れや収穫祭への参加者を募る広報活動、万一の火災対策など、運営面でも相当の時間を費やす必要があり、生半可な覚悟では関われないことがわかりました。自分自身の東南アジアでの研究は、外部から焼畑を研究対象として捉える視点に重きがおかれ、地域で実際に営まれている焼畑を自分事として捉える意識が希薄でした。一方、余呉では焼畑に必要な一連の作業に自らが取り組むことで、外部者ではなく当事者としての意識が醸成されてきました。このような焼畑との関わり方を本書では焼畑実践と呼ぶことにします。余呉での焼畑実践に真剣に向きあう過程で、これまでに取り組んできた東南アジアでの焼畑研究では見落としていたものが少しずつみえてきました。自らが焼畑を実践し、様々な失敗を重ねながらも試行錯誤を繰り返すことで、地域に受け継がれてきた伝統的な技術や知恵の意味が実感を伴う知識として体得できるようになってきたのです。この点については本章の最終節や第3部でもう少し詳しく触れることとし、次節では現在の日本各地で復活する焼畑実践について紹介していきます。

5　21世紀の日本における焼畑

日本の焼畑は、はるか昔に歴史の幕を閉じた過去の生業であると認識されている人は多いのではないでしょうか。1950年には全国で約11万世帯の農家（佐々木前掲書）が営んでいた日本の焼畑は、高度経済成長期に衰退していくもののその火が完全に途絶えることはなく、現代まで脈々と受け継がれてきました。このような焼畑の現代史については本書第2章で詳しく述べますので、本章では特に21世紀の焼畑の動向に着目します。

近年、特に2010年代以降に日本各地で焼畑復活の動きが活発化しており、北は青森県八戸市南郷から南は熊本県球磨郡水上、西は長崎県対馬市上県（かみあがた）まで、数多くの地域で焼畑が営まれるようになりました。図2に、2000年以降に焼畑が営まれた記録がある主な地域を示します。また、図3には1950年における焼畑分布図を示しました。これらの図から、現在の焼畑のほとんどは過去に焼畑が盛んであった地域と重なり、焼畑の歴史のない地域で新規に焼畑が始まった事例は希有なことがわかります。正確な理由はわかりませんが、画一化された近代の農林業技術と違い、焼畑に継承される技術や知恵の多くはその地域の自然環境に応じた特有のものであるため、焼畑経験者のいない場所ではその地域に適した技術の伝承が困難なことが一因ではないかと考えています。また、火入れは一歩間違えれば山火事を引き起こす危険性もあるため、焼畑の歴史がない地域では地元の理解を得にくいことなども、その理由に挙げられるでしょう。

このような地理的な偏りはあるものの、現在の日本では確実に焼畑復活の動きが広がりをみせています。しかしながら、近年相次いで復活した焼畑地域は相互に連携しながら復活に至った訳ではありません。地

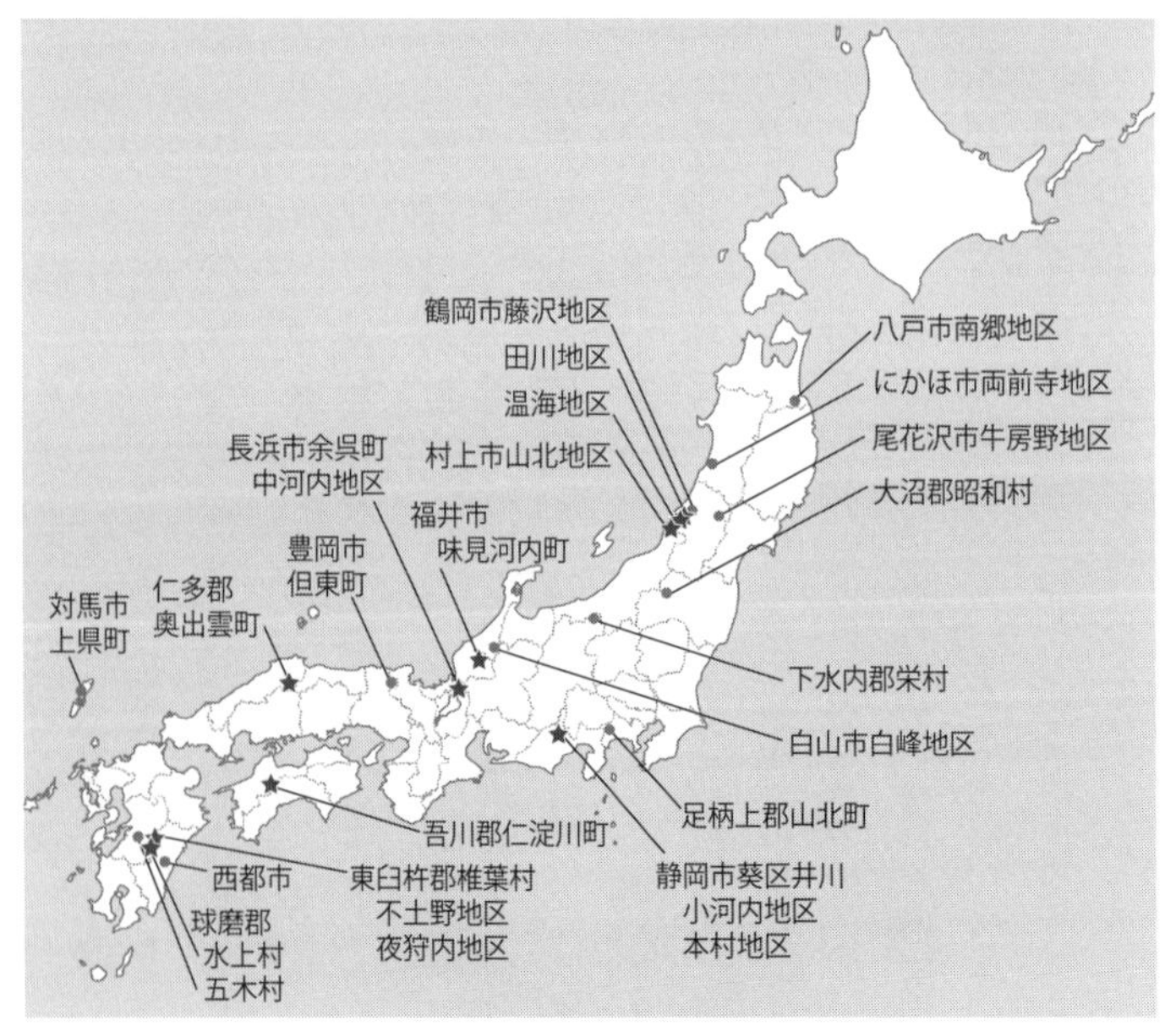

図２　現在の日本の焼畑地図
2000 年代以降に途絶えた焼畑も含む。
★は焼畑フォーラム参加地域。
出所：筆者作成。

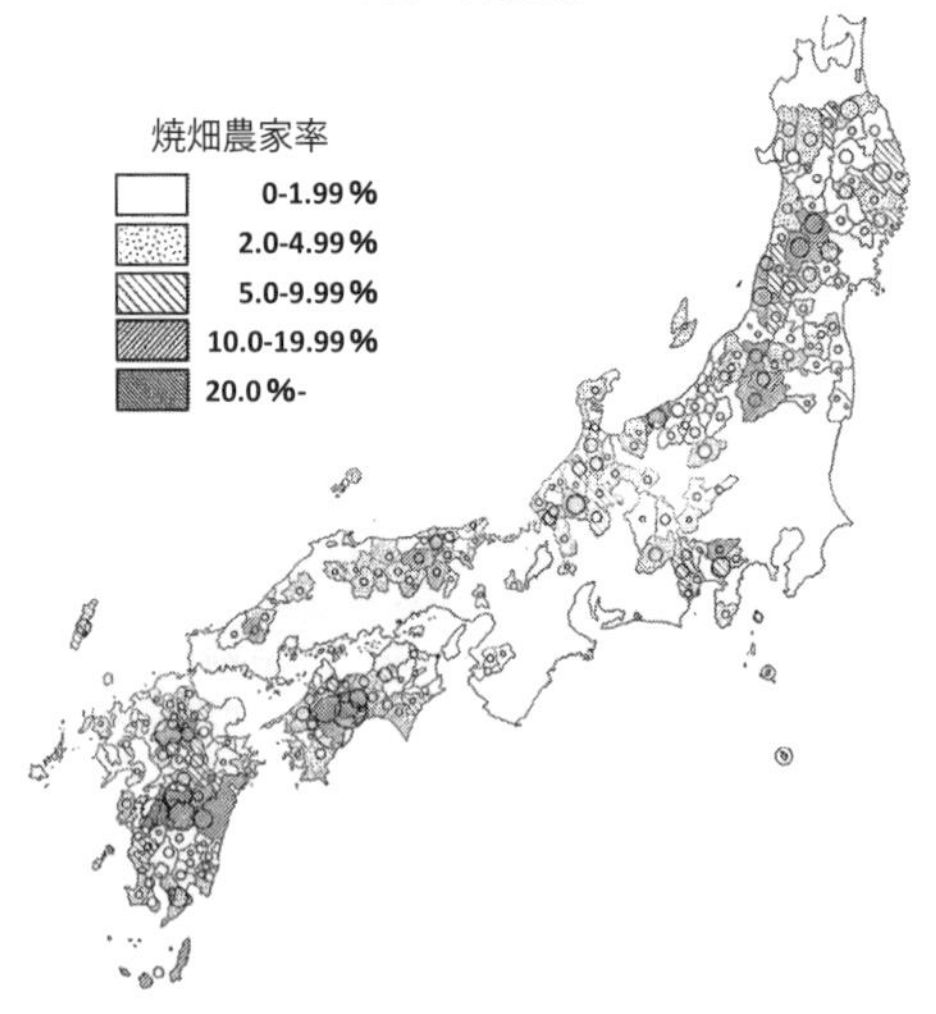

図３　1950 年における郡市別焼畑分布
出所：『日本の焼畑』1972 年 佐々木高明、古今書院より一部改変。

理的に近い焼畑地同士では相互の交流がみられるものの、全国的にみれば他地域の焼畑実践者同士のつながりは希薄でした。

私自身は余呉の焼畑実践に関わるようになってから、日本各地で復活する焼畑に対しても強い興味関心を持つようになりました。諸般の事情から復活後数年で焼畑を止めてしまった地域もあったことから、焼畑復活が一過性のブームで終わらずに大きな潮流となっていくには何が必要なのか、色々と思索を巡らせていました。地域個別の活動として取り組まれている現在の焼畑実践地をつなぐ人的ネットワークが形成できれば、その答えの一端がみえてくるかもしれないと考えて立ち上げたのが「焼畑フォーラム」です。

6 焼畑実践者の集い「焼畑フォーラム」

焼畑フォーラムは、日本全国の焼畑実践者が一堂に会してそれぞれの地域の焼畑の特徴や課題などの情報を共有しながら、焼畑の将来像を論ずることを目的とした集いです。研究者中心の学術集会ではなく焼畑実践者の集いである点、過去の焼畑を振り返るのではなく焼畑の未来展望に焦点を当てている点が、本フォーラムの特長です。

初回フォーラムは、２０１７年3月に宮崎県椎葉村で開催されました。当初はこのような集いが本当に成功するのか自信がありませんでしたが、フォーラムの事前打合せで現地を訪れた際に出会った椎葉や水上で焼畑を実践する人々から、想像以上の賛同と共感の声をもらいました。彼らの焼畑に対する熱い思いに触れることで、自分の着想が間違いでなかったとの確信が持てるようになりました。当日は一般参加を含め約60名の参加があり、夕方からは焼畑実践者約30名の親睦会を兼ねた意見交換会が行われました。

フォーラム参加団体の焼畑の目的や地域との関わり方は多様であり、個性豊かな焼畑実践者達の焼畑に対する思いも様々でしたが、地域間の違いを乗り越え、不思議なくらいの一体感が生まれました。互いの地域の焼畑の違いを学びあい、各々の地域の焼畑の継続と発展に役立つ技法・知恵・人脈・理念・情熱などが共有できたことが、第1回焼畑フォーラムの成果でした。

2回目は2019年3月に静岡市で開催しました。焼畑の技術や知恵を活かした在来作物保全、里山再生、地域活性化の展望の3点にテーマを絞り、招聘した農業・林業・地域再生分野の専門家も交えた活発な意見交換ができました。焼畑に関心を持つ市民や研究者からの反響も大きく、日本各地の焼畑実践者約30名に加え計130名以上の参加があり、全国農業新聞でも大きく報道されました（2019年4月5日掲載）。2022年3月には、滋賀県長浜市において3回目の焼畑フォーラムを開催予定です。

焼畑フォーラムの発表者はいずれも焼畑の実践者ですが、伝統的な焼畑継承者に限定していません。行政機関、森林組合、市民団体、地域おこし協力隊、大学関係者など、焼畑復活に関わる多様な参加者が集まることで、様々な視点からの議論が可能になりました。また、フォーラムの参加者からは「他地域とのつながりを欠いた活動では息切れしそうになることもあったが、フォーラム参加の焼畑実践者とつながることで大きなパワーをもらった」という感想をもらいました。焼畑実践者間の人的ネットワーク構築と精神的な絆の形成は、本フォーラムで得られた何ものにも代えがたい財産になっています。

本書の第2部で紹介しているのはいずれも過去2回のフォーラムに参加した地域の焼畑であり、本書が出版できたこともこのフォーラムの成果のひとつといえます。

7 現代の焼畑実践の多様性

かつての日本の焼畑は、主に中山間地域の人々の自給用作物の栽培を目的としたものでしたが、それに比べると現代の焼畑はその目的や人々の関わりがはるかに多様です。在来作物の保全や地域ブランド化、里山や人工林の再生、地域づくり等の目標を掲げながら、地元有志や自治会、ＮＰＯ、行政、大学関係者など多様な人々が焼畑に関わる中で地域を巻き込んだ活動に発展し、都市と農村をつなぐ動きとしても盛り上がりをみせています。

また、焼畑で用いられている技法も実に多様です。私はこれまでに青森県南郷、福井県味見河内、静岡県井川、島根県奥出雲、熊本県水上での焼畑の火入れ・播種をみてきました。また、火入れの時期ではありませんが、山形県温海、新潟県山北、宮崎県椎葉の焼畑地にも訪問しています。地域ごとに燃やす草木の種類、伐採や火入れの時期、火入れ後の耕起の有無、防火対策などが全く違い、非常に興味深いです。例えば、南郷の焼畑では火入れ後に専用の鍬を使って深耕し、簡単な畝立てを行って作物を栽培してその後数年間は雑穀などの輪作を行っています。一方、余呉や味見河内では、低木林や草地などを火入れした後に畝立て等を行うことはなく、あまり手をかけずに作物を栽培しています。温海や山北では、スギ人工林の主伐後に残る枝葉に火を入れて焼畑を行うと同時に、スギの苗を植えています。これは作物栽培に必要な作業が次世代の造林の地拵えを兼ねる焼畑林業です。椎葉では、伝統的な4年輪作の作物栽培が営まれた後は有用樹の植林などをしながら休閑地が管理され、20年から30年程度を経た休閑地が再び拓かれる長期循環型の焼畑が、江戸時代から継続して営まれています。一方、現代の生態環境に応じた新たな取り組みもみられます。例えば奥出雲では放置竹林を若返らせることを目指してタケを伐採する焼畑が営まれ、水上では放棄クリ園を焼畑に活用しています。

このような多様な焼畑を、目的、担い手、経済性などの観点から、伝統継承型、ブランド作物型、村おこし・観光型、環境再生・林相転換型、農林業複合型、大学研究型の6つに類型化しました（表1）。もちろん、個別の事例をみていくと、複数のタイプの複合形態であることも多いです。各地の焼畑実践については、本書の第2部で詳しく紹介します。

8 実践で紡ぎだす新たな在来知

現代の日本で焼畑を実践するには、まずは文献調査や焼畑経験者への聞き取り調査によって過去に営まれてきた焼畑を学びながら、各々の地域で継承・実践されてきた環境と人間との相互作用に関する知識と技術の総体である「在来知」を再構築することが大切だと思います。

私はこれまで、日本の焼畑については文献で得られる知識はひと通り学んできましたが、実際に余呉で焼畑を行ってみると、これま

表1　現在の日本で営まれる焼畑の主なタイプ

焼畑のタイプ	概　要
伝統継承型	地域住民が伝統を継承する形で営み続ける焼畑。NPOなどの外部者が協働している場合も多い。
ブランド作物型	ブランド力の高い作物の栽培により、焼畑作物の栽培・販売が経済的に成り立つ焼畑。
村おこし・観光型	地元自治会や生産組合、行政などの協働により、村おこしや観光誘致の一環として営まれる焼畑。
環境再生・林相転換型	放置里山林や竹林の伐採・火入れにより、植生の若返りや林相転換を目的とする焼畑。
農林業複合型	人工林で主伐後に残る枝葉で火入れをし、農作業が次世代の造林の地拵えを兼ねる焼畑。
大学研究型	大学が研究・教育の一環として地域の協力を得ながら行う焼畑。

出所：筆者作成。

でに得てきた知識がそのまま現場で通用する訳ではないことに気づかされました。前述のように、焼畑の技術には地域差があり、同一地域内においても拓く植生や地形によって最適な技法は異なります。また、気象条件も毎年異なり、それに伴って病虫害の発生状況も変わります。このような多岐にわたる不確定な状況に対処するには、「教科書的な状況」から外れたときの対処法を身につけることが何よりも大切です。そもそも、前述のように日本の焼畑に関しては農学や生態学分野の研究蓄積は少なく、「教科書的な情報」も限られています。このため、足りない知識は現場の経験で補うしかありません。余呉ではかつての焼畑を経験してきた方がまだ健在であり、多くの生きた知識を教わりました。焼畑経験者と共に焼畑の現場に入らなければ得られなかった技術や知恵も少なくなく、文献で得た知識に基づく固定観念や先入観が、その地域の焼畑の理解を妨げることがあることも学びました。また、現場での手痛い失敗や想定外の出来事に遭遇して、初めて教わったような知識も多々あります(本書第11章、第14章)。焼畑実践を長年続けてきたことで、文献情報で得た普遍的な理論に基づく科学知と、現場で教わった地域に固有の知恵や自らの体験で得た知識との融合が進み、少しずつではありますが、余呉の焼畑に関わる伝統的な在来知が自分の中で体系的に理解できるようになってきました。

羽生淳子(2018「在来知の活用と地域のレジリエンス」『新しい地域文化研究の可能性を求めて』Vol.6 人間文化機構 総合地球環境学研究所 52~63頁)によれば、在来知は固定化された時代遅れの知識と技術ではなく、自然・社会環境の変化に対応しながら常に変化し続ける動的な知識と、それに基づく実践の連続体です。このため、現場での実践が長期間途絶えた技術や知恵は、急激に変容する現代の自然・社会環境に適応できなくなっていく可能性があります。焼畑に伝わる在来知についても、時代を超えて変わらぬ意味をもつものもあれば、時代の変化に応じた適応が必要なものもあるでしょう。例えば、シカ、イノシシ、サルなどによる獣害は昔に比べて深刻化しており、焼畑においてもその対策が必要な地域が増えてきました。このため、必要に応じて新たな焼畑技術を導入していくことも求められています。

過去の焼畑技術に関する聞き取り調査と並行しながら現場での焼畑実践を重ねる中で、前述のように理論と実践の齟齬が埋まっていき、現代の焼畑実践に必要な新たな在来知の体系が自分の中で組み上がっていくと思います。また、焼畑フォーラムで構築した人的ネットワークを活かした焼畑実践地間での交流と情報交換も、相互の焼畑に新たな可能性を生み出す助けになるでしょう。各地の焼畑に伝わる多様な技術や知恵には、地域固有のものもあれば、比較的普遍的にみられるものもあります。このような固有性と普遍性を深く理解できれば、焼畑の歴史がない地域においてもどのような技法が適しているのかを推定でき、焼畑復活のさらなる広域展開へとつながることも期待できます。このような温故知新のプロセスを経て新たな在来知を紡ぎだすことにより、日本の焼畑の未来の展望が描けるのではないかと思います。

なお、現代の日本において焼畑で得られる収益のみで生計を立てていくのは現実的ではありません。詳細は本書第3章で述べますが、ほとんどの焼畑実践者は焼畑以外の生業を持ちながら、焼畑を楽しんでいます。半農半Xならぬ、「半焼畑半X」という生き方の面白さ・楽しさを広めていくことも、焼畑実践の裾野拡大に向けた大きな鍵になるといえるでしょう。

注

(1) 温室効果ガスの排出量から吸収量や除去量を差し引き、全体としてプラスマイナスでゼロにするという考え方。

(2) 焼畑や野焼きによる林野利用に関心をもつ市民・研究者が集まり、滋賀を拠点に活動する任意団体。

焼畑の現代史――「消滅」から継承・再興へ

辻本 侑生
弘前大学

1　日本の焼畑は「消滅」したのか？

本章では、本書が焦点を当てる焼畑の再興が、地域資源活用の流行に即したごく最近の一時的なものではなく、より長いスパンで多くの人びとが関わってきたある種の文化運動であることを示していきます。

世界史的に、耕作地を次々に移動させる焼畑は、農地や資源の定量的把握を必要とする統治者たちに嫌われてきました（スコット、ジェームズ2013、佐藤仁監訳『ゾミア 脱国家の世界史』みすず書房）。それは日本でも例外ではなく、焼畑民に対しては、為政者や科学者から蔑視と改良の目線が向けられてきました（米家泰作2019『森と火の環境史』思文閣出版）。例えば、本書にも登場する宮崎県椎葉村において、1895年に西臼杵郡長が宮崎県知事に出した答申書には、「焼畑業タル多クノ労力ヲ費シテ最モ僅少ノ雑穀ヲ得ルニ過キス、加フルニ山林ヲ傷害スルモノナレハ、今日ノ時勢ヨリ見ルトキハ或ハ直ニ其愚ヲ笑フモノアルヘキ」というように、焼畑は生産性が低く、かつ山林を損傷する「愚」かなものであると記述されています（「西臼杵郡長諮問答申」宮崎県1997『宮崎県史 史料編 近現代5』）。この資料は、焼畑が住民の生活にとって不可欠なものであると訴えるために記されたものであることに留意する必要がありますが、少なくとも19世紀末の日本において、焼畑は差別的な目線を向けられていた農法であったことがうかがえる内容です。

しかし、このような蔑視を受けつつも、近代以降ごく一部の地域を除いて、焼畑が公式に「禁止」されることはなく黙認されてきました（辻本侑生2019「近代日本における焼畑の政策的規制と地域社会　岐阜県と福井県の事例から」『リサーチ福井』1、1～12頁）。そのため、日本の焼畑は戦後においても各地で存続し、高度経済成長という経済的な要因によってほとんどが消滅したと説明されてきたのです。

ここで着目したいのは、日本国内において行政から抑圧的な視線を向けられつつも黙認され、戦後の急激な経済構造変化によって「消滅」したと思われてきた焼畑が、実はその「消滅」と時を同じくして復活し、1970年代以降の日本各地において継承されていく動きが続いていた事実です。これは、焼畑が単なる「生業」ではなく、より豊かな歴史的・地域的意味付けを有した営みであるということを示しているのではないでしょうか。

本章では、戦後日本における焼畑の「消滅」から継承、そして再興にいたる現代史について、新聞・雑誌記事のような歴史資料と、実際に焼畑の継承・再興に関わってこられた方々へのインタビューをもとに記述していきます。

2　焼畑への注目から「消滅」まで――焼畑再興前史

日本各地の山村において、ごくありふれた営みであった焼畑が注目されるようになった最初のきっかけは、1908年、日本民俗学の創始者である柳田國男が宮崎県椎葉村を訪れたことでした。柳田は当時農商務省嘱託であり、椎葉村への訪問目的の一つは、焼畑および焼畑の跡地に自生する山茶の経済的価値について調査することであったといいます（岩本通弥2001「「民族」の認識と日本民俗学の形成――柳田國男の「自民族」理解の推移」篠原徹編『近代日本の他者像と自画像』柏書房）。

その後、柳田は官僚を辞して日本民俗学の創始と組織化を進め、1934年から全国で統一された100個の質問項目を用いた「山村調査」を始めます。この100個の項目の96番目には「焼畑作りは残つてゐますか」という質問が設けられていました。山村調査には多くの若手民俗学者・人文地理学者が参画して国内各地で精力的に現地調査を行い、その結果、1930年代には国内各地の焼畑に関するデータが、リアルタイムで収集されていきました。

時を同じくして、1936年には農林省山林局より『焼畑及切替畑ニ関スル調査』が刊行されます。この調査自体は治水に資するデータの収集を目的としたものでしたが、米家泰作も指摘しているように、焼畑に関する初の公的統計であったことから研究者の関心を喚起しました（米家前掲書）。こうして山村調査と公的統計の刊行という二つの契機により、1930~1940年代には民俗学や地理学の雑誌に、国内各地の焼畑について論考や報告が相次いで掲載されていきました。また、戦時中と終戦直後には食糧生産手段や農地開拓手段として、焼畑に注目が集まり、1944年には民俗学者・地理学者の山口弥一郎による著書『東北の焼畑慣行』が出版されています。

焼畑に関する学術的関心は戦争を挟んでも継続していきましたが、戦後になると国内では急速に焼畑が消滅に向かっていきます。1950年代には、戦時中の食糧配給制度による米食慣行の浸透、林道の開通による外部資本の影響、賃労働者の増加など、様々な社会経済的要因によって、国内の焼畑が衰退していく様を実況中継的に報告する研究が、特に人文地理学などで多く見られました。日本全国の焼畑に関する最後の公式統計が「1950年世界農業センサス」となったことも、戦後に急速に焼畑が衰退していったことを示しています。

国内の中で焼畑が稀少な営みとなっていったことと、焼畑が学術的に興味深い研究対象となっていったことは、同時並行的な動きであると理解することができます。例えば1950年代後半の京都大学では、当時教養部助手であった地理学者・佐々木高明をリーダーとした調査団が結成され、熊本県五木村で焼畑調査が実施されています（池谷和信2021「佐々木高明の見た焼畑　五木村から人類史を構想する」『季刊民族学』177）。さらに1960年代後半には同じく京都大学で「焼畑研究会」が組織され、1969年に人類学者・福井勝義らが高知県池川町椿山を訪問しています。佐々木高明の研究は1972年に『日本の焼畑』、福井勝義の研究は1974年に『焼畑のむら』として公刊されましたが、国内焼畑研究の金字塔とも呼ぶべき1970年代の二つの著作は、焼畑が衰退していく危機感に呼応して著されたものであったといえます。

3 「消滅」から復活へ——1970年〜1980年代

公的統計から姿を消し、消滅しゆく焼畑の姿を捉えた学術的著作が公刊されていく中、国内の焼畑はどうなったのでしょうか。

筆者が確認しうる限り、最も早い焼畑の復活は、1976年の長野県栄村小赤沢、通称「秋山郷」と呼ばれる一帯です。地理学者の市川健夫によれば、これは学術参考用として復活されたものです（市川健夫「焼畑耕作の復活」朝日新聞夕刊1976年6月17日）。焼畑復活は既に1970年代から始まっていたのです。

焼畑復活の大きな流れを作ったのは、姫田忠義が主宰していた映像制作団体・民族文化映像研究所（以下「民映研」）が1977年に発表した自主制作映画『椿山――焼畑に生きる』でした。民映研で長くカメラマンを務め、この椿山の映画で撮影・編集を担当した澤幡正範によれば、姫田忠義に椿山の焼畑を取材することを勧めたのは、民俗学者・宮本常一でした。当時、近畿日本ツーリストの企画として日本各地の「うつわ（器）」を取り上げた映像作品を作成するプロジェクトが進んでおり、宮本の統括のもと、姫田が制作を担当していましたが、高知県の器を取材する過程で椿山に焼畑が残っていることを知り、宮本が取材を勧めたのでした。当時宮本常一は特に焼畑に関心を持っていたようで、例えば1973年に発行された「季刊人類学」第4巻2号には「焼畑の文化」という座談会記録が収録されており、宮本も参加して日本および世界の焼畑について議論を行っています。

この『椿山』は大きな反響を呼び、民映研の映画は焼畑をかつて営んでいた地域社会においても鑑賞され、刺激を与えていきました。例えば、1983年には、東京都八丈島の青年らが姫田を招へいした「焼畑学校」を開催し、姫田の講演会や焼畑の体験学習を実施しています（読売新聞東京版1983年5月5日）。また、本書コラムに執筆している今北哲也は『椿山』を鑑賞して大きな衝撃を受け、自ら呼び掛けて開催した京都での上映会（1980年）をきっかけに滋賀県各地において火入れの実践を模索するようになったとのことです。

1970年代の学術的研究や民映研の映画は、より実学に近い分野にも影響を与え、1980年代には林学者の中からも焼畑を評価する論調が現れてきます。林学者・村尾行一は、1984年の初版にはなかった「焼畑の考現学」という章を追加し、1986年に『新版　山村のルネサンス』を出版しています。新版出版にあたっての経緯は、当時の焼畑に対する評価を知る上で興味深いため、長文ですが以下に引用します。

つい数年前までは焼畑の評判は「悪いこと」の一点張りだった。禁句、といってもよい。たとえば林野庁がらみのプロジェクトで焼畑造林を提唱したときでも先学から、

「焼畑、という表現は避けるべきだ」

と強くいさめられたほどである。

ところが最近は大分風向きが変ってきた。焼畑に対する肯定的関心が、たとえば雑誌ジャーナリズムなどにも表出するようになったし、また関心だけでなく、実際的にもあちこちで焼畑が復興しだした。民有林では勿論のこと、国有林でも昭和五十八年十二月九日、試行的実施に取り組むようにと各営林局長あての林野庁長官通達が出されたほどである。私個人としてからが（ママ）、実地に関係しているところだけで新潟、長野、茨城、島根、宮崎の五県下にわたるほどになった。

まさに焼畑のルネサンスである。だから『山村のルネサンス』にも焼畑について説明した一章を設けたほうがよい、ということになったわけである。

（村尾行一　1986『新版　山村のルネサンス』都市文化社：iii～iv）

このように、村尾は林学者として焼畑を再評価しつつ、実際に現地における実践も行っていました。例えば宮崎県椎葉村においては、相互造林会社（日向市）が共同で焼畑復活し、アグロフォレストリーの実現に向けた取り組みを行いました（朝日新聞夕刊1984年10月8日）。

4 焼畑をめぐる人的ネットワークの形成――1990年代以降から現在まで

1977年の『椿山――焼畑に生きる』以後、民映研は焼畑の記録映像を継続的に作成しています。『西米良の焼畑』（1985年、西米良村教育委員会委託）、『奈良田の焼畑』（1986年、早川町教育委員会委託）、『茂庭の焼畑』（1992年、福島市教育委員会委託）、『竹の焼畑』（2001年、鹿児島県歴史資料センター黎明館委嘱）です。

そうした中、民映研の一連の映像作品に影響を受け、民映研との交流を経て、生業として焼畑を存続させている地域住民に学びつつ、焼畑の実践を始める団体が現れました。「福井焼き畑の会」です。民映研カメラマンであった澤幡正範によれば、福井の人びとと民映研が交流を持つようになったきっかけは、1980年代末に姫田忠義が越前和紙（映画は1990年発表）を題材とした作品を撮影することとなり、福井県今立町に入っていく中で、地元の美術教師であった渡邊光一・昭子夫妻が撮影チームに宿舎の提供を申し出たことにありました。渡邊夫妻は全国の美術教育関係者とネットワークを有している美術教育の実践者であり、また福井県内においても幅広い人脈を有していました。姫田と渡邊光一は同い年であったこともありお互いの活動について意気投合し、渡邊夫妻のもとに集う福井県内の若者が中心となって民映研映画を見る「みみずく映画会」が発足しました。記録によれば、1992年7月の「みみずく映画会」において民映研の『西米良の焼畑』と『奈良田の焼畑』を上映しており（「ふくい木と建築の会会報」号外1992年6月5日号による〔玉井道敏・西川誠一編2014『河内赤かぶらとじじぐれ祭』私家版〕）、これに強い影響を受けた福井に住む市民有志が、福井県内でも美山町味見河内において焼畑が存続していることを知り、同年に初めて焼畑の実践を行っています。これが現在も続く「福井焼き畑の会」の活動の始まりでした（本書第6章1）。

さらに2000年代以降には、研究者によって、全国の焼畑関係者をつなぎ合わせる動きが始まります。例えば京都の総合地球環境学研究所は2007〜2011年にかけて全4回の「焼畑サミット」（第1回高知、第2回山形、第3回大分、第4回京都）を開催しました。2007年には東北芸術工科大学東北文化研究センターの共同研究成果として「焼畑と火の思想」（『季刊東北学』第11号）、2011年には総合地球環境学研究所の共同研究成果として『焼畑の環境学』が発刊されています。

そして時を同じくしつつ、2009年では青森県八戸市、2011年に宮崎県西都市、2014年に神奈川県山北町、2015年に兵庫県豊岡市など、新たな焼畑復活が各地でみられています（各地域のブログ・地方新聞記事等参照）。

5 火入れのバトンをつなぐ

本章では国内の焼畑の「消滅」から継承、そして再興へ向けた動きを素描してきました。このいわば「焼畑の現代史」を追っていくなかでは、研究者や映像制作者、そして地域における焼畑の実践者たちが、1970年代という早い時期から、バトンをつないでいくように焼畑の継承や再興を行ってきたことが浮かび上がってきました。

そのバトンは必ずしも一つの流れの中でつながれたものではなく、途中で途絶え、つながりが不明瞭な系譜も、もちろんみられます。しかし、否定的な視線を向けられがちな焼畑という営みに魅力を感じ、再興させようとする動きは、確実に一つのうねりを生み出してきたのです。

本書が取り組もうとする、実践者と研究者が協働しつつ、それぞれの立場を超えていくような焼畑実践は、これまでの営みを踏まえつつ、新たな一歩を踏み出すことを目指すものです。

表1　日本の焼畑現代史　関連年表

年	出　来　事
1908年	柳田国男による宮崎県椎葉村調査
1934年	柳田国男らによる「山村調査」開始（焼畑も調査項目の一つに）
1936年	農林省山林局『焼畑及切替畑ニ関スル調査』刊行
1944年	山口弥一郎『東北の焼畑慣行』刊行
1950年	世界農業センサス（焼畑に関する最後の全国統計調査）実施
1972年	佐々木高明『日本の焼畑』刊行
1974年	福井勝義『焼畑のむら』刊行
1976年	長野県栄村小赤沢（秋山郷）にて学術参考用の焼畑復活
1977年	民族文化映像研究所『椿山――焼畑に生きる』公開
1983年	東京都八丈島で民映研姫田忠義を招聘した講演会・焼畑体験学習実施
1985年	民族文化映像研究所『西米良の焼畑』公開
1986年	民族文化映像研究所『奈良田の焼畑』公開
1986年	村尾行一『新版　山村のルネサンス』刊行（新章「焼畑の考現学」を追加）
1992年	民族文化映像研究所『茂庭の焼畑』公開
1992年	福井焼き畑の会結成
2001年	民族文化映像研究所『竹の焼畑』公開
2007年	東北芸術工科大学共同研究成果「焼畑と火の思想」（『季刊東北学』第11号）刊行
2007年	第1回焼畑サミット in 高知開催
2008年	第2回焼畑サミット in 山形開催
2009年	第3回焼畑サミット in 大分開催
2011年	第4回焼畑サミット in 京都開催
2011年	総合地球環境学研究所共同研究成果『焼畑の環境学』刊行
2017年	第1回焼畑フォーラム開催（宮崎県椎葉村）
2019年	第2回焼畑フォーラム開催（静岡県静岡市）

出所：筆者作成。

焼畑は「よくわからないけれど面白い」

東京外国語大学
大石　高典

1 焼畑実践の面白さとは？

この章では焼畑実践の持つ意味やその世界の広がりについて、当事者の視点から見えてきたことをふまえながら、この本の内容を先取りしつつ提示してみたいと思います。そもそも、現代の焼畑実践者たちは、なぜ焼畑をしているのでしょうか。私自身も「火野山ひろば」のメンバーとして余呉の焼畑に関わりながら、考えてきたことの一つです。焼畑フォーラム（本書第1章）に参加した実践者の皆さんにこのような問いを直接ぶつけると、「よくわからないけれど、面白いから」といった答えが返ってきます。もちろん、地域の活性化や地域環境問題の解決に貢献できたら良いけれど、どうやら必ずしもそういった社会的・公共的な機能に貢献するために焼畑をしているわけではないようです。では、焼畑の実践者たちは具体的に焼畑のどのような部分に面白さやりがいを感じているのでしょうか。

その前に、焼畑に関わる個人の目線で焼畑を見ることの意味について少し説明します。本書のもくろみは、日本社会における焼畑へのまなざしのあり方を変えることです。そのために、この本で私たちが紹介したいことの一つは、焼畑を実践の外側から「研究対象」としてまなざすのではなく、焼畑実践者の視点に立って初めて見えてくる世界の広がりです。

筆者は、2000年代初め、農学部の卒業研究で石川県の白山麓をフィールドに焼畑研究に取り組みました。焼畑前後で土や土の中の水に含まれる養分がどう変わるかを調べたのですが、その際、タイやインドネシアの焼畑を対象とした研究のやり方を真似しました。それは国内の焼畑に関する先行研究がほとんどなかったからです。これまでの農学分野の焼畑研究は、発展途上国の集中する熱帯の低緯度地域で盛んな一方で温帯の中緯度地域では大変少ない傾向があります。温帯や冷温帯で焼畑が見られたのは、朝鮮半島、中国や日本などの東アジアには限られません。例えば北欧のフィンランドやスウェーデン、北米のカナダでも、最近まで焼畑が見られました。しかし日本も含めて、これら中緯度以上の地域の焼畑は、人文学的な関心から、主に文化人類学・民俗学や地理学の研究者の関心の対象となってきました。日本では、焼畑研究のパイオニアである佐々木高明のほかにも野本寛一や橘礼吉などの研究者によって、生業技術として、また民俗として各地の焼畑実践が記述されてきました。これらの資料は、焼畑をめぐる時代状況を反映して、失われつつある「伝統」を記録するという方向に力点が置かれていました。

その一方で、日本の焼畑は食料生産をあつかう応用科学である農学の主流の枠組みからは長い間弾かれてきました。それは、まるで「近代農学は焼畑からは学ぶことがない」と言わんばかりの態度だったと言えるかもしれません。本当にそうなのかどうかは、この本を読みながら読者の皆さんに考えていただけたらと思います。しかし、このことは結果的にみれば、日本の焼畑は近代農学に無視されることで、他の農林水産業が被った制度化や規格化からまぬかれることができたとも言えるのかもしれません。

焼畑について考えるときに、環境に良いのか悪いのかとか、地域経済のために焼畑は儲かるのかは大事な視点ですが、そういった焼畑の生態学的あるいは社会的な「機能」に関わる議論だけをしていても、実際に焼畑に携わる人間の姿はなかなか見えてきません。焼畑をしているのは、いったいどんな人たちなのか。それらの人々は、どのような思いや気持ちで焼畑に関わっているのか。一般的な焼畑論では、こういった実際に焼畑を実践している人間の思いや感覚は顧みられることなく置き去りにされてきたのではないでしょうか。現代において焼畑をするとは、個人や家族、地域社会にとってどんな意味をもっているのでしょうか。実践者が焼畑に感じている手ごたえや面白さは、とりわけ、活動の中期的・長期的な持続性を考える上で大事になってくるでしょう。

2 「最適解」のない焼畑

技術的には、焼畑を実践することの面白さと難しさを形づくっている要因の一つは、焼畑の作業の細部において、こうすれば良い／間違いがない、という決定的な正解がないことにあるようです。焼畑は、「何回やっても同じパターンにはならない」という言葉は、火野山ひろばのメンバーたちの口癖です。すでにわかっていたり推測できる知識の範囲で、ある条件に合うようにモデルや技術を最適化していって導き出される答えのことを最適解と言います。このような問題解決の方法は、人工知能が最も得意とするところですが、このやり方で焼畑実践を行うのは難しいのではないでしょうか。火野山ひろばの焼畑歴はたかだか十数年ほどですが、同じような認識は他地域の実践者にもあるようです。例えば静岡・井川の田形治さんは、焼畑は毎年同じようにできないから面白いし、得られる収穫物もそれゆえに貴重なのだと言います（本書第

4章3)。また、代々焼畑農家を継いでいる椎葉勝さんでさえ、25年の自身の焼畑歴で本当にうまくいったと思えるタイミングで火入れができた焼畑は数えるほどであると述懐しています(本書第4章1)。

焼畑の地域ごとに多様なありようは、伝統的な焼畑の研究でも記述されてきました。例えば先行研究を見れば、多くの地域で斜面地の下部を好んで焼くことや火入れの際には斜面の上から下へと焼き下ろすのが原則になっている地域が多いことなど共通点が多く見られる一方で、作付や火入れ後の土壌管理などの具体的な技術を見ていくと、どこにでも通用する決まったやり方があるわけではないことがわかります。

さらに個別の地域をとって見ても、例えば火野山ひろばが活動している余呉町の中でも、過去の焼畑についての語りからは、時代ごと、集落ごと、個人ごとに、作付が微妙に違っていたことがわかります(本書第9章)。実践者によって、一人ひとり違って当たり前というくらいに焼畑の具体的な方法についての知識や考え方があるのです。これらは、伝承の結果が偶然に異なる形であったというわけではなく、立地や生態環境、社会経済条件などをふまえた、それなりの合理性があった上での行為選択の結果ではないかと第9章執筆者の黒田は推論します。日本の焼畑は粗放な農業などではなく、むしろ緻密な自然観察と思考が要求される、繊細な手仕事の技術によって成り立ってきたのです。

焼畑の担い手についても多様な形があります。余呉の焼畑について地域の女性の聞き書きを続ける島上は、樹木が優占する林よりも草地に火入れをしていたことと関連して、女性が焼畑実践の重要な部分を担っていたことを明らかにしています(本書第10章)。焼畑は力仕事だから、きっと男の仕事に違いないという見方は必ずしも当たらないのです。

焼畑実践についての考え方や技術論、例えば火の扱いについては、現代の焼畑実践者の語りを聞いていても、一人ひとりに「私の焼畑」があると言っても良いだろうと思えるくらいに個性的で多様性があります。これらは必ずしも時代や地域でくくれるものでもなく、焼畑についての実践的知識のあり方として興味深い点です。実際、火入れの際の火の扱い方だけで、何時間もの宴会の酒肴になります。火は思うように動いてくれないので、ハラハラドキドキです。

経験を重ねつつ、それぞれが理想の焼畑を思い描きながら、試行錯誤を繰り返す面白さ。このような過程は、民俗学においてマイナー・サブシステンスという言葉で表現されてきた楽しみの世界と重なります（松井健「マイナー・サブシステンスの世界——民俗世界における労働・自然・身体」篠原徹編『現代民俗学の視点1　民俗の技術』1998年、朝倉書店、247～268頁）。マイナー・サブシステンスとは、経済的な重要性が小さくても、その楽しさがゆえに情熱をもって取り組まれ、結果として継続的に活動が続いているような小規模な生計活動のことです。各地で復興した焼畑は、地域ごとに違いはあるものの何年も継続しています。福井では、メンバーの「遊び」を大事に30年以上活動が続いています（本書第6章1）。まさに情熱が焼畑継承の動力になっているのです。

焼畑仕事のほとんどは、マニュアル化され工業化された農業労働とは程遠く、むしろ狩猟採集や漁撈の世界に近いものが感じられます。「遊び論」の中で、ロジェ・カイヨワは人類の遊びに共通して見られる特徴を競争、運（偶然性）、模擬、めまいの4つに分類して挙げています（カイヨワ、ロジェ『遊びと人間』1990年、講談社）。これらのうち、特に焼畑には当事者にはコントロールし難いところで結果が決まる運（偶然性）と一時的に身体的な知覚のバランスが崩れることで官能的なパニックを味わうことができるめまいの要素が当てはまると言えそうです。

3 都市と農村をつなぐ焼畑

奥行き深い魅力をもつ焼畑の実践にたどり着くまでには、しかしながらさまざまな課題があります。特によそ者が農山村の地域社会で焼畑をしようとする場合には、いくつものハードルがあります。なかでも難しいのは、焼畑が可能な山林や原野について地権者からの合意や協力を得ることでしょう。この過程では、地域社会との交渉が不可避です。

いざ焼畑ができることになっても、始めるには焼畑のやり方について助言や指導をしてもらえる先達が必要です。出発点に立つ前に、これらの条件をクリアしなければなりません。加えて、焼畑作業の大きな特徴は、一人や二人だけで行うことは不可能ではないにせよ、困難だということです。伐開や整地、播種、間引き、収穫は少人数でもできますが、安全に火入れを行うには人手が必要です。

しかし、逆にこのことが人々の間に交流や対話の機会を作り出します。特に火入れ作業では、火を付けて焼き下ろしたり、火勢を調整する他に、燃やす材料を集めたり、延焼を防いだり、火入れ後の耕起や播種を行ったりと複数の役割が生じます。これらの作業は、必ずしも山仕事に馴染みのない人々が焼畑の作業に周辺的に参加することを可能にするきっかけ、つまり資源になっています。

さらに、火入れや収穫といった大人数で集まって行うイベントは、ちょっとした祝祭的な空間にもなります。井川の焼畑では火入れの「前夜祭」（本書第4章3）、水上では収穫後の蕎麦打ち（本書第6章2）が、それぞれ欠かせない楽しみになっていると言います。

また、焼畑の火入れを観光資源として活かして住民参加型のツーリズムを行っている地域もあります（本書第4章4)。焼畑実践そのものによって、普段は出会うことのない多様な人々の集まりができることで、地域社会に新しいつながりをもたらすことになっているのです。

こうして苦労して拓いた焼畑から生まれる生産物も、居住する地域を超えて人々を惹きつける大きな要素です。焼畑でできる作物には、形や味が個性的なものが多く見られます。第2部で登場する作物のうち、温海カブ、河内赤かぶら、ヤマカブラ、オランドは野菜の在来品種でその代表的な例です。黒田がシュンギクやルッコラで試したように、普通品種であっても、焼畑で作ると同じ作物とは思えないくらいに味や形が変わるものがあります(本書第9章)。

同様に、私が白山麓で出会った焼畑でできる普通種のダイコンは「く」の字の形をしていました。斜面地で発芽したダイコンは斜面の法線方向に根を伸ばしていきますが、地上部に出たダイコンの首の部分と葉は太陽に向かって真っ直ぐ伸びていきます。その結果、地表を境にしてダイコンは「く」の字型になります。地滑り地形であるために、表層を常に土が流れていくことも曲がりの角度に影響しているでしょう。「く」の字型のダイコンは、甘みのある味わいになります。ご馳走になった煮物が絶品だったのを思い出します。

このような焼畑でできる作物の味や歯ごたえ、香りなどの個性は、都市に住む食や流通の目利きを魅了しています。平地の農業で作られ流通する「ふつう」の野菜や穀物の概念を覆すような意外性を焼畑作物が持っていて、それが料理人の創造性を刺激するのです(本書第13章)。焼畑実践者に加えて、料理人が媒介者となって、食や農に関心のある市民に焼畑作物の魅力が伝わり、消費者が焼畑に積極的な価値を見いだして農山村に通ったり移住したりする状況が、少しずつ見られるようになっています。焼畑実践そのものや、焼畑が生み出すユニークな生産物を媒介にして都市と農村を超えたつながりが生まれているのです。

4 在来知／科学知を超えた知識生産

白山麓の焼畑に通っていた時、実践者の方に言われたことが忘れられません。水田のような「平地の農業」を理解しようとするやり方で「山の焼畑」を見てもわからないぞ、と言われたのです。その時は、言われたことの意味がわかりませんでした。ずっと、まるで謎かけのようなこの言葉をときどき思いだして、その意味を考えてきました。現在では一つは足し算引き算のような節約的な理屈で生産性の最大化を目指す考え方が焼畑になじまないということではないかと考えています。

土壌学出身の地域研究者である鈴木（本書第11章）は、実践者として焼畑を行うようになって、技術を最適化して「収量の最大化」を志向するのではなく、「リスクの最小化」を目指す方向に思考の方向性が切り替わったと述べています。地形、土壌、植生などの生態環境条件が複雑であるだけではなく、降雨や日射など毎年変わる気候条件がさらに焼畑の不確定性を高めるのです。焼畑を再現しようとしても、人為的にコントロールするには、システムがあまりにも複雑すぎるのです。鈴木や野間（本書第12章）が語るように、条件がコントロールできる環境での実験により普遍的に「正しい」解を求めることとは異なり、リアルな焼畑での実践研究には試行錯誤しながら自然のわからなさを味わう、そういった面白さがあるのでしょう。このように大学の実験室や実験圃場での実験、あるいはコンピュータの中でのシミュレーションとは違って、リアルな焼畑の研究は地域社会の中に飛び込まないとできません。このことが、在来知と科学知の交流という副次的な効果をもたらします。

生態学出身で、自然保護の現場から自然に関する知識生産のあり方について考察を続けている佐藤哲は、研究室から飛び出して、地域に住みながら研究や実践を行う研究者を「レジデント研究者」と呼びました（佐藤哲「知識から知慧へ――土着的知識と科学的知識をつなぐレジデント型研究機関」鬼頭秀一・福永真弓編『環境倫理学』2009年、東京大学出版会）。レジデント研究者は、科学知と在来知が遭遇し混ざり合う過程に直面し、相互作用を促進する触媒となって「地域環境知」を生み出す潜在的な役割を果たします。

地域環境知とは、「地域社会における多様なステークホルダーの協働を通じて生産されるさまざまな形の在来知と科学的知識が融合して形成される、領域融合的で問題解決型の知識基盤」です。地域社会が抱えるさまざまな課題には、往々にして国や県から降りてくるトップダウン型の対策が適用されますが、それだけでは地域ごとの事情に順応した対応を取ることは困難になりがちです。環境に関わる知識生産が偏ったために、現場である地域社会との間に乖離が生じる状況をいかに変えていけるのかという問題に対して佐藤が注目するのがレジデント研究者のような現場と学問や行政との間で翻訳を行いうる存在です。

本書の中でも、愛媛大学や島根大学の取り組み（本書第7章）、そして第3部の火野山ひろばの取り組みでは研究者や学生が特定の地域社会に深く関わりながら焼畑を実践し、知識生産を行っています。完全に居住をしているわけではないので、厳密な意味でのレジデント研究者には当てはまりませんが、頻繁に地域に通う中で類似の役割を果たしうる「半レジデント研究者」（菊地直樹「方法としてのレジデント型研究」『質的心理学研究』14、2015年、75〜88頁）のような存在と言えそうです。例えば増田（本書第14章）は、具体的な焼畑実践の現場でのよそ者と地域住民の間の「かけあい」の中から在来知が立ち現れると表現しています。そして地域住民からの教えをただそのままに受け入れるだけではなく、現場で可能な限りの対照実験を行って、自らの手で確かめようとしています。ここで行われているのは、過去の伝統的知識の単なる掘り起こしではなく、新たな創造だと言えるでしょう。

地域課題の解決に関わることでは、例えば火野山ひろばの活動からの展開として、単に焼畑をするというのではなく、地域の中で資源や経済を循環させることで森林を再生させる「地域振興モデル」が生まれたことが紹介されています（本書第11章）。このようなアイデアと実践は外からやって来た研究者が勝手に考えついたものではなく、若手世代の地域住民との焼畑実践をめぐる交流の中から自然発生的に生まれてきたものです。このように焼畑は、多様な人々が集まり、知恵や経験を出しあい、一人では発揮できない新しいアイデアを生み出す場にもなり得るのです。

5 「よくわからないけれど面白い」

本章の冒頭で、日本の焼畑は農学による制度化からまぬかれることができたと書きました。結果として、市場経済化はしなかったけれど、慣行農業と比べると資材や薬を「買わせられ」、「〇〇しなければ」出荷できないという点が少ない、自由度の高い農業形態と言えるでしょう。そのために、焼畑を入り口にした個人／世帯／地域のレベルで多様かつハイブリッドな実践——観光・芸術・地域振興・研究——が模索されるようになっています。現代の日本で、専業で焼畑農家だけをしている個人・世帯・地域はありません。本書に登場する焼畑実践者たちのほとんどは、それぞれいち市民として多様な職業をもっており、その上で焼畑に参加しています。そもそも、焼畑から現金収入を得ることを動機としているかどうかをはじめ、副業や趣味、研究など位置づけは多様ですが、どれも「１００％焼畑」ではないのです。

このような焼畑実践の特徴は、塩見直紀さんが提唱する「半農半X」の考え方にも響き合います（塩見直紀

『半農半Xという生き方 決定版』2014年、筑摩書房)。「半農半X」とは、生活の基盤をなす食についてでは農業でまかないつつ、もう半分をその人にしかできない何かに使って社会を豊かにする生き方のことです。焼畑は、それだけで食べていくのは難しいかも知れません。しかし、都市と農村の境界を超えて、創造的な生き方をする一つの方法になっていく可能性は大いにあるのではないでしょうか。

焼畑には、やり方の自由度が高いと同時に、シーズンごとの気象条件や病害虫の発生状況などに応じて、臨機応変に迅速で適切な対応が求められるという難しさもあります。技術の最適化が難しい焼畑の農法には、これが絶対だという完成形が見出し難いのです。このように焼畑の未完成であり、不十分であり続けることも一つの魅力となって、逆説的な言い方かもしれませんが人を惹き付けるのではないでしょうか。

地球生命科学者の郡司ペギオ幸夫は、人工知能と対比させて天然知能という考え方を提唱しています(郡司ペギオ幸夫『天然知能』2019年、講談社)。人工知能は、あらかじめ設定された文脈において、原因と結果をスマートにつなげて世界を理解しようとします。一方、天然知能は想定外の答えをもたらしてくれる外部に理解の可能性を委ねます。天然知能は、想定できない何かを面白がり、きっともっと何かあると思ってやってみようとします。

「こうしたら、こうなるはずだ」という実践のなかでぶつかる問題と解答の対応関係のずれが著しく大きい焼畑は、実践者に天然知能を発揮させ、自然や作物への見方の枠組みを揺さぶらずにはおきません。その結果、想定もしなかったことに気が付くことができるのです。情報化・人工知能化が進む現代人にとって、焼畑は天然知能を補充する格好の遊び場であるに違いありません。焼畑は、やはり「よくわからないけれど面白い」のです。

第2部

全国にひろがる焼畑の輪

――焼畑が豊かにする地域

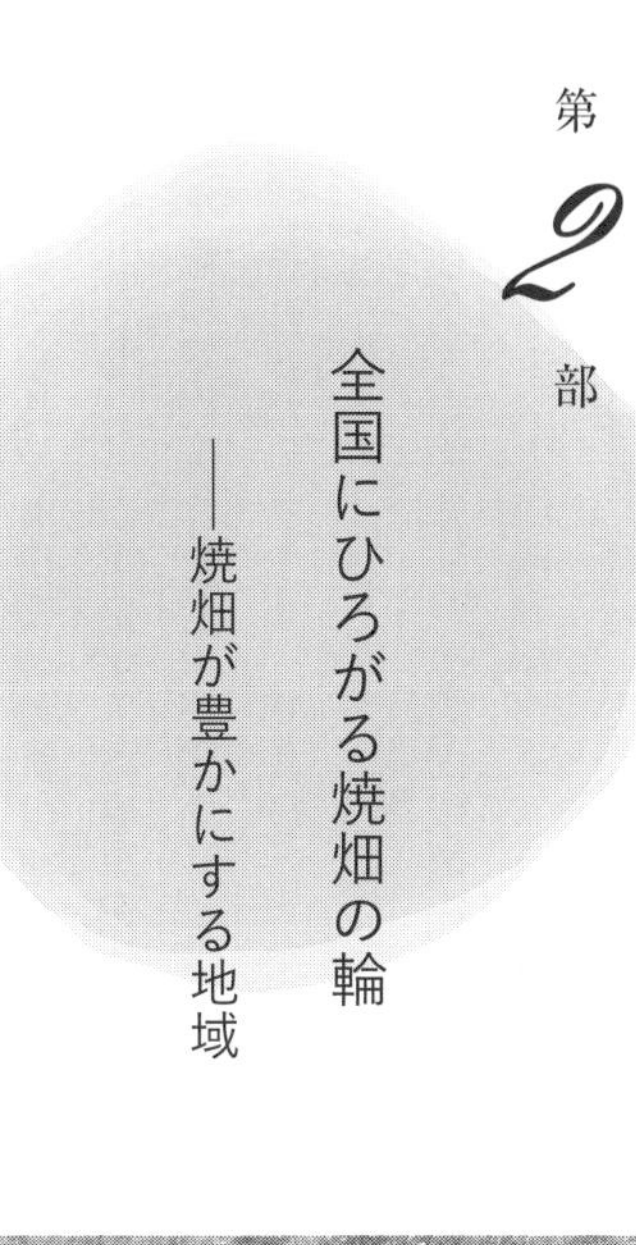

伝統の継承と復興

まえがき

日本では様々な生業活動を考える際に、「伝統」と「現代」が対照的に捉えられることが少なくありません。日本各地で焼畑が行われてきた歴史はたいへん長いですが、現代の焼畑のほとんどはかつて慣習的に焼畑が行われていた地域で、再び焼畑が行われるようになった事例です。過去の焼畑と現代で復興がみられる焼畑は、どのように関わりあっているのでしょうか。この章では、実践者の語りから答えを探ります。

宮崎県椎葉村にUターン後に焼畑を継いだ椎葉勝さんは、焼畑を核とした森づくりの方法を実践しています。地道な継続を続ける中で、焼畑に対する世間の眼差しは大きく変わり、焼畑が要素となって国際連合食糧農業機関（ＦＡＯ）が選定する世界農業遺産に登録されました。そこでの焼畑実践は、椎葉さんの常に試行錯誤を続けているという語りから、一般に「遺産」という言葉から連想される固定的・保守的な営みからは程遠いことがわかります。ＦＡＯは、世界農業遺産制度では地域の暮らしに応じた農業形態の「変化」を容認していますが、椎葉村でも閉じた地域社会の中で焼畑の技術の継承や復興が起こっているのではありません。椎葉さんたちは、さらに焼畑を地域社会の再生につなげるべく、都市との交流の場づくりの挑戦を続けています。この取り組みは、都市や他地域の住民に刺激を与え、例えば静岡県静岡市井川地区や熊本県水上村（第6章2）などへと焼畑復興が広がるきっかけになっています。

井川では、昭和中期に焼畑はいったん途絶えましたが最近復活しました。本章では、焼畑復興に都市住民（田形治さん）／地域居住者（望月正人さん、仁美さんご夫妻）／つなぎ役（杉本史生さん）という3つの異なる立場から目を向けます。静岡市内で蕎麦屋を営む田形さんは、おいしい蕎麦を求める中で焼畑産蕎麦に出合い、魅了された経験から井川在住の望月さん夫妻に出会います。この出会いが、焼畑を復活させ蕎麦を作ってみようという挑戦につながっていきます。

椎葉と井川の焼畑は、ともに行政を巻き込んで展開しています。椎葉では、世界農業遺産への登録が実現しましたし、井川では地域おこし協力隊員が自治体とのつなぎ役となって、地域振興事業に焼畑が取り上げられました。杉本さんは、地域おこし協力隊員として井川に赴任し、焼畑実践を支援した経験を紹介しています。焼畑を活かした観光や在来作物などの地場産品の販売と結び付けた企画の模索など、自治体や農協の制度を活用した、焼畑実践と地域振興を結ぶ取り組みの試行錯誤が行われています。

このように、現代の焼畑は時代や地域を超えたつながりの中で復興してきています。山村どうしの地域を超えた交流や、都市と農村を跨いだ関わりの中で、実践者や実践者の周辺の人々によって焼畑を行う意味が新たに見いだされ、新たな方向性を模索しつつ復興していっていることがわかります。そこでは、「伝統」と「現代」は混じり合い、温故知新ともいえる価値の創造が起こっているのです。

（大石高典）

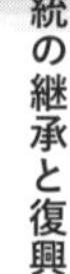

伝統の継承と復興

1 継続は力なり

——宮崎県椎葉村　焼畑蕎麦苦楽部

焼畑蕎麦苦楽部
椎葉　勝

二十数年前までは、環境破壊の元凶、原始的な農業の象徴のように言われてきた焼畑、それがここ十数年大きくクローズアップされて、光のような存在になってきました。それはどうしてでしょうか？　皆様の人間の原点回帰への想いや、山を焼きながら山の再生、食文化（衣・食・住）の環境を変えたいという想いがこのような流れを呼び込んだのだろうと私は思います。

私は、江戸時代から続く焼畑農家の7代目ですが、このような人たちに感謝です。まさに「継続は力なり」です。私の焼畑は、先人たちのすばらしい技術や在来の種を守ること、また、森の再生、そしてそこから生まれ来る草木を生かすことを主として守り続けているのですが、要は自然（食べる）との共存であります。火入れを設定した日の前後がしっかりと晴れ、火入れや種まきなど全ての作業を終えたのちに雨に降られることであります。このときは長年の辛苦が実を結び、全ての疲れが流され、身も心も軽くなります。この瞬間は言葉では表せないもので、この時が自然（天の神）との共存を感じる瞬間であります。これがうまくいったのは、この25年の焼畑人生で3度だけです。この先、何回天の神のご加護があるでしょう。そう思いつつ毎年厳しい作業に取り組んでいます。

椎葉の焼畑

四方を険しい山に囲まれた土地では、平地が少ないため斜面での焼畑だけが生活を支える手段でした。しかし、今では継続的に行うのは全国でも私の家だけになりました。(＊編注) 山を焼くのは大体7月下旬〜8月上旬にかけてです。「これよりこのやぼに火を入れ申す。蛇、蛙(わくど)、虫けらども早々に立ち退きたまえ。山の神様、火の神様、どうぞ火の余らぬよう、また火残りがないよう御守りやってたもうり申せ」。「やぼ」は焼畑地、「火が余らぬよう」とは、山火事にならぬようという意味です。この祈りはずっと昔から伝えられてきました。20年前、父母から焼畑を引き継いだのと同時にこの言句(いいく)を唱えるのも私の役目になりました。

山は風向きにもよりますが、山の斜面の上から火をつけ始めます。3分の2くらいまで燃えたら、下から迎え火を入れます。こうすると、途中で火と火が合わさり、自然に消えます。この時、消える前の炎は上昇気流によって壮観な光景となります。焼くことで土に含まれる窒素やリンが増え、土地が肥えます。害虫や細菌も死滅するため、農薬も必要ありません。1年間は無菌状態であります。そのため、ソバと一緒にまいた平家ダイコンや平家カブは甘く、辛く、うまい。種まきの後は、水もまきません。収穫までは自然の仕事。焼畑が原始的な農業と呼ばれるゆえんです。

図1　焼畑農業のサイクル
出所：焼畑蕎麦苦楽部作成。

焼畑と世界農業遺産

焼畑農法は厳しい条件下での作業や、天候や動物たちに左右されやすく、思うように収穫できない非常に大変な農法であります。そのような厳しい状況の中で日本で唯一、江戸時代から焼畑農法を継承してきたのは、先代たちの伝統的で素晴らしい技術や、在来の種子を守りたいという熱い想いがあったからではないかと思います。それゆえ私の代で止めることはとてもできず、むしろ焼畑をやるにつれて、この農法の奥深さや苦しさ、楽しさ、自然との駆け引き、そして炎の力や雄大さ、怖さを感じられるようになりました。炎で目覚めた埋土種子植物の多さに加え、そこで収穫されたソバやダイコン、雑穀類は風味や粘着力が強くおいしさは格別であります。これぞまさしく「一焼百生（一回焼くことで百種類ぐらいの植物ができるの意味）」「山仕（山に仕える仕事の意味）」であります。

まもなく30年目を迎える民宿を経営しながら、お客様たちに焼畑を通じて森づくりや水の大切さ、動物たちとの共存などを訴え続けています。

私は山の民として、山村の暮らしの楽しさ、おもしろさ、優しさ、苦しさなどを地道に都会の人たちに発信していきたいと思っています。現在、焼畑農法が全国のあちこちで復活しつつあり、多くの住民や移住者が本気で取り組み私たちの背中を押してくれることを本当にありがたいと感じています。

私の地区にある尾向小学校では29年間もの間、焼畑体験学習が行われています。また神楽など地域にある伝統的なものを受け継いで学習してくれている代々の先生方や地区の方々、保護者の皆さんに感謝しています。このように全ての人たちのおかげで、この先しばらくは焼畑の火が消えることはなさそうです。さらに、この焼畑農法も含め、これまで受け継がれてきた神楽や農林業システムが２０１５年に世界農業遺産に認定されました（高千穂郷・椎葉山地域）。しかし私は、世界農業遺産というものを認定申請の話が来るまで全く知りませんでした。今でも世界農業遺産がこのようなもので、こうしたら良いなどということについては理解できていません。世界が認める地域は、それはとにかく凄いことには間違いないが、しかしそこに住む人々、昔ながらの伝統や技術文化、芸能など、楽しくおもしろく生業にしていく暮らしができるかどうかが大切ではないかと感じています。

今、中山間地域は大変厳しい状況にあります。少子高齢化・嫁不足・後継者不足・学校の休校や廃校が進んでいます。また人間の都合で山を切り崩し、1年中緑の山に入れ替え、動物たちの住処やエサを奪い、その結果、人間は柵や金網の中で生活し、消滅集落まで生じています。夜行性で、食べて子孫を残すことだけのために生きている動物たちに勝てるはずがないのです。この村も例外ではありません。私はUターン者ですがトラック運転手として、全国の町や村を現場や車窓から見てきたなかで、厳しいながらも必死で

㊤写真１　斜面に広がる火
㊦写真２　種をまく
出所：筆者撮影。

生きることは全ての地域にも共通すると感じています。それゆえ、中山間地域で暮らす人々は森（自然林）づくりに力を注ぐべきであります。命の水は山から流れ、中流域の田畑を潤し、そして魚を生かすのです。山が荒れれば、川は濁り、海が荒れるのです。上流（源流）に家庭を増やし、四季を感じる山づくりと水づくりをするべきであります。森を蘇らせることが、動物たちとの共存を可能にし、全国の中山間地域が生き残るための最大の一歩になると強く確信します。

世界農業遺産が生きている遺産というならば、人も動物もそこに居なければならないのです。人が居るから農業遺産であり、人が居なければ何もないのです。私の村も、帰村する若者（特に女性）が少なく、本当に厳しいですが、このような状況の中で移住者（Iターン）の人たちが増えつつあることは大変嬉しいことであります。移住したいと来る人たちが増えるということは、まだまだ夢がある村ではないでしょうか。これも世界農業遺産認定の力ではないでしょうか。このように、移住・定住してくれる人たちと地元の人々がいろいろな形で手を取り合い、向きあっていくことは、本当に大切であり世界農業遺産を守っていくことでもあります。また、行政も含めて地域全体で全面的にサポートし、さらに継承していくことを願っています。

世界農業遺産認定後は、各自治体や地域住民の意識の変化が必要であります。特に認定に関わった専門委員の皆様方からはいろいろな形での指導や情報の提供が必要不可欠であると思います。世界農業遺産という、大きな証の中でこれから子供たちやお年寄り、移住者や住民が苦しいなかでも、楽しさやおもしろさを見つけ出せるように、知恵と力を結集させなければならないのです。世界農業遺産は昔あって今はないもの、昔やっていて今はやっていないものを復活・再生ができる非常に奥深いものだと感じています。とりあえずは、各地域で炭窯の復活と雑穀食の再生をやろうではありませんか。

焼畑蕎麦苦楽部

私の故郷である宮崎県椎葉村も、相互扶助の精神が衰退し、昔から引き継がれている知恵や技がなくなりつつあります。生きていくなかで他者への関心が薄れ、都会のように人と人との繋がりがなくなり、助け合いや共同作業もなくなっていました。機械化による影響もあるとは思いますが、そのなかでも焼畑はかろうじて助け合いが残っていました。でも半分以上の人には金銭対価です。山間地域に住む人が本当にこれでいいのかと思いました。

少子高齢化、嫁不足のなか何とか地域を盛り上げたい一心で焼畑蕎麦苦楽部を立ち上げました。焼畑蕎麦苦楽部は、山を焼きながら氏神様を守り、食の原点や動物と共存した森づくり（自然林）、自然食の加工に取り組み、都会の人たちと交流しながら活動しています。海があるから山（森）ができ、そして木々から水が流れます。水は山から流れます。だから山が荒れたら川が荒れ海も傷みます。そうするとプランクトンが減り、魚がおいしくなくなります。塩もおいしくなくなります。だから源流域に住む人々を増やし、自然林を育てなければなりません。そのためには、中流域の人たちや漁師さんたちと山のことや川のことについても、つながりを深めていかなければと思っています。

農業遺産といいますが、海も入っているのです。山と川でつながっている以上、農業、漁業、林業を営む人そのものが遺産なのです。これを「椎葉の焼畑 手順書」をもとに後継者を作り、お互いが交流を深めることが大切だと思います。私たちの苦楽部、それは苦あれば楽ありです。楽しさを求め苦労したいと思っています。

最後に

かつて、日本の至るところで焼畑が行われていました。しかし、今でも毎年のように地域の方の手によって焼畑が続けられる地域は、数えるほどしかありません。

椎葉村で焼畑を続けていくということは、縄文時代から続く日本古来の優れた農法であり、さらには、現代において環境保全の面から再評価されている「日本の焼畑」を継承する希望の灯りをともし続けることに他なりません。そして、その灯りが大きくなったとき、狼煙(のろし)となって、全国へと広がっていくことでしょう。

椎葉の山奥から焼畑の狼煙を上げていこう。その狼煙を宮崎全土へ、日本全国へとともに広げていきましょう。

＊編注

椎葉勝氏の焼畑では、火入れ後に伝統的な4年輪作の作物栽培が営まれ、その後は有用樹の植林などをしながら休閑地が管理され、20～30年程度を経た休閑地が再び焼畑に開かれています。このような長期循環型の伝統的な焼畑が江戸時代から脈々と続けられているような事例は、編者らの知る限り日本では他にありません。

参考文献

「椎葉の焼畑 手順書――森を守り、未来へつなぐ循環型農法「焼畑」の全て」株式会社さとゆめ制作。椎葉村役場がオンラインで公開しています。https://www.vill.shiiba.miyazaki.jp/agriculture/2020/05/post_41.php

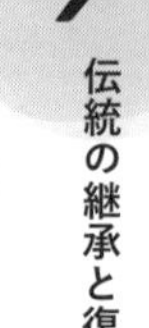

伝統の継承と復興

2 焼畑から森づくりへ
——静岡県「井川・結のなかま」の活動

井川焼畑倶楽部 結のなかま 望月正人・望月仁美
聞き手・構成：大石高典

山の暮らしとヤボヤキ

井川では焼畑のことをヤボヤキと呼びます。昭和30（1955）年代まで、つまり私の祖父の代までは、多くの家庭がごく普通に焼畑をやっていました。大人たちは集落から離れた山の中の出小屋に、春先4月ぐらいから初冬の11月までの間、子供を残して出かけていました。ナラや雑木を材料に炭焼きをして、そのついでに焼畑をしていたのです。私（正人）は昭和27（1952）年に井川で生まれました。子どもの頃、私は学校がありましたから、普段は集落にいて、週末だけ祖父母のいる出小屋で過ごしました。

井川では、夜に火入れをしていました。どこに火が残っているのか夜だと一目でわかります。焼畑での作物はヒエやアワを春に、ソバは夏に作っていました。ソバは70日くらいでできます。昔は、地域ぐるみで近所や親戚で声を掛け合って焼畑の作業をしていました。異なる家どうしで、お互いに作業を手伝い合う仕組みをユイ（結い）と言います。子どもも、学校から休みをもらって参加しました。畑の収穫、茶摘みの作業のときにも休みを取りました。祖父母のころにはカラムシ摘みの仕事もあったそうです。焼畑で採れたヒエは、今でも蔵に残っています。穂のままで保存していました。

私が生まれたのと同じ年から井川ダムの工事が始まりました。大井川鉄道が井川まで開通するとモノの流通が良くなって、カネさえあればなんでも買えるようになりました。土木工事、森林労務など給料がもらえる仕事が増えると、炭焼きや焼畑をすることも減っていきました。昭和50（1975）年くらいが焼畑を見ることができた最後だったと思います。井川最後の焼畑は井川本村で茶畑を作るための地拵えを兼ねたものだったと思いますが、その時の様子はビデオ撮影されて記録が残っています。

井川の若者は、15歳になると静岡市内に出て高校に行きます。私たちも進学と就職で外に出ました。社会人として、いろいろな職業を経験してから静岡に戻ってきました。他の地域を見たけれど、やはり故郷がいいなあと思って戻ってきました。

「井川・結いの仲間」の活動

焼畑の復活に取り組むことになったのは、田形治さん（本書第4章3）との出会いが一つのきっかけになりました。田形さんとは、在来作物の研究者で井川に通っていた静岡大学農学部の稲垣栄洋先生の紹介で出会いました。ちょうどその頃、椎葉の焼畑の様子を写した映像作品を見ていたところで、ＤＶＤを見ながら、井川でも焼畑をやって雑穀を作っていたことを思い出していました。田形さんとソバの話をして、じゃあ焼畑でソバを作ろうかという話になったのです。

いざ、焼畑を再開してみると、火入れにはたくさんの人が見に来ました。火を付けると、なぜこんなに人が来るのか？思い返すと、焼畑をするときに、昔は身内が来ていました。焼畑をすると、よくわからないけれど人がいっぱい寄って来るのが面白い。先ほどもお話ししたように、焼畑をしていた頃には、地域の中でユイを貸したり返したりといった共同作業のつながりがありました。そのことを踏まえて、焼畑をする集まりに「結いの仲間」と名付けました。今焼畑をする場所は、傾斜がきつくなくて土が良い、昔から焼畑をやっていたところを使っています。

焼畑は手のかからない農業といっても、最低限の作業があります。特に火入れ後や収穫後の作業に人手が要ります。「結いの仲間」で大変なのは作業の日程調整です。地元の人たちと都会の人たちでは、休みの日が違います。それで、一緒に作業をする日や人手を確保するのに苦労しています。クチコミで人が集まって、やっと都合を合わせて作業日程を組んでも今度は天気が悪かったりすると、おじゃんです。結局作業が進まないということもあります。そんななかで、どうやって焼畑を続けていけるのか。小さいながらも続けていきたいのですけれど。もちろん地元の若い人たち、息子たちの世代が作業に参加してくれることもあります。そうすると作業のスピードがぜん上がります。そもそも村には人がいないし、イベントだけではもたないです。遠くの人だけではなくて、地元での活動の広がりがもっとできていったらいいなあとも思っています。

もう一度、山を明るくしたい

焼畑を森づくり、つまり森の再生にどうつなげていくかが次の課題です。椎葉の焼畑を見に行ったとき、森づくりをうまくやっていると感じました。井川でも、昔は焼畑をして雑木林に戻すというやり方をしていました。森を使いっぱなしにするのではなくて、かっこいいと思います。井川出身の私たちが焼畑を続ける動機として、もう一度山を明るくしたいという気持ちは大きいです。きれいだった山が汚くなってきて、このままだと井川の山が真っ暗になってしまうという危機感があります。スギやヒノキだけが茂ると、ワラビのような山菜も、ゲンノショウコのような薬草も出ません。木が売れるからと言われてスギを植えたけれど、まったく売れない。植林地も管理されていれば林がきれいですが、管理が行き届かない（汚い）状態が広がっています。昔は雑木林があったから、山が明るかったのです。

井川の林業の状況は悪循環が続いています。高齢化して人手がない上に、木材価格はずっと低迷しています。林道もボロボロです。山が汚くなるのは経済性が悪すぎて、管理の手を入れたくても入れられないからです。せめて山を切っても地主に赤字が出ないようなやり方で山を回していけないか。焼畑をそのための突破口の一つにできないでしょうか。

例えば、焼畑をするのでも単に燃やすだけではなくて、材として利用できる木は木工品にして売れるようにしたりできないか、ということを仲間と話しています。例えば伝統的な弁当箱のメンパは井川の特産でしたが、今はよそで作られています。良いメンパづくりには、天然のヒノキと木を見る力のある人が必要です。

焼畑で作物を作った後に、かつてはスギを植えていましたが、今はコナラやヤマザクラを植えています。コナラはドングリができるから、ケモノが食べられるようになるでしょう。焼畑をして植えた木々の成長がみえるのは気分のいいものです。一番最初に焼畑を再開した場所には、花が咲くようにハナモモを植えました。もう5年もすれば、花見のよい名所になるのではないかと思っています。集落の近くには花が咲くものを、奥の方にはコナラなどを植えています。ナラ枯れは静岡県中部にも来ているけれど、あまり井川には来ません。焼畑でせっせと煙を出しているせいでしょうかね（笑）。

焼畑をやった跡を見ると山がきれいです。明るい山には、いろいろな生き物が現れます。なんでもよいので、火を入れた後には新しいものが生えてきてくれればいいなと思います。焼畑には、いろいろな虫がやって来てソバを交配してくれます。植物もオトギリソウ、バライチゴなどがどこからか飛んできて勝手に生えてくれます。にぎやかなものです。

※2021年11月26日、静岡市葵区の「手打ち蕎麦　たがた」店内にて。

3 蕎麦屋と焼畑
——静岡県　焼畑蕎麦にあこがれて

手打ち蕎麦たがた　田形　治
聞き手・構成：大石高典

私の生まれは、静岡県静岡市用宗（もちむね）です。海辺の町なので、海で戯れながら大きくなりました。テレビで砂漠化が取り上げられるなど、環境問題への意識が高くなり始めた頃で、小学生の頃から世界の自然環境と人間の関わりに関心を持ちました。身近な用宗の海でも、年々獲れる魚が減ってきているという印象があったので、自分なりに地球全体の課題と身の回りの環境に繋がりを見出していたのでしょう。高校1年生からは地元特産のシラス屋さんでアルバイトをしたり、大学受験の浪人時代には魚屋になるのが夢でした。

脱サラをして蕎麦屋に

大学を出た後、念願の魚屋を2年ほどやりました。その後、会社の営業職に就きました。営業の仕事では、いろいろなお客さんとやりとりしましたが、お客さんの中に趣味で蕎麦を打つ蕎麦打ち師がいたのです。その人に教えてもらって蕎麦打ちを始めてみたら、手打ち蕎麦の香りや風味を知って夢中になりました。

それで蕎麦打ちコンテストに出るようになり、人づてに知った静岡から東京都内の「こだわりの蕎麦打ち教室」に文字通り箱根越えをして毎週のように通っていました。そこで出会った蕎麦打ちの師匠に弟子入りして、厨房でいろいろなことを習いました。歳を取ってから店を開くのは大変だと先輩弟子に聞いて、一念発起をして35歳のときに脱サラをして蕎麦屋を始めました。その頃はまだ、特に蕎麦と環境の関わりについて考えることもなく、焼畑のことも知りませんでした。

営業マン時代からのポリシーで、必ずお客様が得するものを提供したい思いが強かったので、蕎麦屋になってからも自分の足で歩いて、材料を探すことをしました。良いものを見つけたら、自分で生産者さんから直接いろいろとこだわりや苦労話を聞き、現場の状況を肌で感じることを行いました。何をするにせよ、自分の五感で現場を見てきた感性を大事にするという自分なりのポリシーを大事にしてきましたが、それはやはり自然の中での遊びに原型があるように思います。海だけではなく、私は小さいときから山にも縁がありました。静岡には自然薯（野生のヤマイモ）掘りに熱心な人が結構多いのです。私も子供の頃から、秋になると父親に富士山の山裾まで、ヤマイモ掘りにほぼ毎週連れて行ってもらっていました。それで、ヤマイモが採れる山の様子を見ていました。その頃はヤマイモがよく採れました。ところが最近はヤマイモ掘りに行っても、動物の匂いが山に漂っています。人間が掘る前に既に野生動物に掘られていることも少なくありません。最近の静岡の山は荒れています。現場に通うのは、こんな風に行ってわかることを自分の感覚で感じ取りたいからです。

そういうわけで、蕎麦屋を始めたら蕎麦はもちろん、つゆの出しをとる昆布や鰹節などについても自分の理想の食材を求めて全国を歩き回りました。それで、例えばどこの海も大体テトラポッドばかりになってしまっているのを改めて認識しました。地元でも上流の山が荒れているせいか、静岡市内を流れる安倍川には土砂がたまっている。その土砂が故郷の用宗に捨てられています。そんな最近の故郷の自然を見ていると、とても複雑な気持ちにならざるを得ないです。どうしても、子供の頃からの環境問題への意識が刺激されます。私には日本中で自然が悪くなっているように思えます。「森は海の恋人」という沿岸漁師さんの言葉を聞いたことがあります。漁師が川の源の森を良くすることで荒れた海も豊かになっていくという考え方だったと思いますが、焼畑をすることで山の微生物が良くなれば、きっと海のクジラまで元気になるのではないか、なんてことを考えます。稼ぐのは大事だけれど、それだけではダメで、社会のためになることをしたいと思って仕事をしてきました。街の蕎麦屋が山に関わることで、焼畑そのものをブランディングしていきたいです。そして、願わくば地球環境にも貢献できるようになりたいのです。そのためには、自分はまずおいしい蕎麦を打たないといけません。そして、焼畑を一つの出口として、山や川、そして海を再生させるのが私の夢です。

椎葉村、焼畑との出合い

自家製粉蕎麦店の多くは石臼挽きだけを自店で行うお店が多いのですが、その前工程の蕎麦実の磨き、石抜き、脱皮などの収穫後の蕎麦の加工の部分すべてを自店で行いたいと思い実践し始めました。それらの製粉所にあるような機械を作っているマニアックなメーカーが名古屋にあるのですが、そのメーカーの営業さんは日本中のこだわりの蕎麦屋さんばかりを回っていろいろ見ている情報通です。その方から各地のおもしろい話やいろいろな蕎麦の在来品種のことを聞いているうちに、宮崎県椎葉村の焼畑で作る蕎麦のことを教えてもらいました。焼畑で作った蕎麦は、個性的でパンチが効いた味が出ます。それで、高値で取引もされている。なかでも椎葉の蕎麦はマニアックな蕎麦職人の憧れ中の憧れの的なのです。

実際に宮崎県椎葉村の「民宿焼畑」に行ってみると、圧倒されました。なぜかと言えば、何よりも蕎麦ができる環境がむちゃくちゃ素晴らしかったのです。火入れをした後に単に作物ができているだけではなくて、山が再生しているのを見ました。先ほど今の静岡の山はよく動物の匂いがすると言いましたが、椎葉の山ではそれを全く感じませんでした。作物を作った後に、年月をかけて森が回復して、また焼畑へと循環している。できる作物の質の良さから付加価値も望める訳ですから、経済と環境が一緒に再生する可能性を感じました。焼畑を広めるために、自分は蕎麦屋になったのではないかと思ってしまった位の衝撃でした。初めて椎葉村を訪れていた最中に、山の中で父の訃報が入りました。泣き崩れましたが、その時焼畑との出会いは、亡くなった父からのメッセージ、啓示に違いないと思いました。「これだ」という確信を抱いた自分は、循環式の焼畑を故郷の静岡でやって、そこで作った蕎麦を店で出してみたいというのが目標になりました。

在来種のおいしさに気づき、焼畑をスタート

当時、静岡の地元の材料を探索していると、清水区の山の方の在来種の蕎麦がとんでもなくおいしいというのに気付きました。それで、静岡の在来蕎麦を食べる会をやりました。その集まりに奥静岡・大井川上流地域の在来作物を調べている静岡大学の稲垣栄洋先生が来て下さいました。その機会に稲垣先生に、他に静岡で在来蕎麦がある地域はないか尋ねたのです。稲垣先生のフィールドワークに同行させていただけ

ることになって、初めて井川を訪れました。井川は、静岡市内中心部からだと車で大体片道2時間半かかります。そこで、望月正人さん（本書第4章2）と奥様の仁美さんに出会いました。井川は在来作物の宝庫のようなところで、食べたこともないような野菜が次々出てきて、仁美さんの在来料理を食べさせてくれました。料理人にとって初めて食べる野菜や雑穀は魅力が満載です。しかし話をするうちに、仁美さんから「このまま行くと、井川がなくなっちまうだよ」という言葉を聞きました。蕎麦屋が何かできないかと思って望月さんのところに通うようになりました。しょっちゅう通うたびに、望月さん夫妻や井川の小河内地区の皆様でバーベキューのおもてなしをして下さって、例えばスズメバチが唐揚げでポテトチップスのように食べられることを教えていただきました。マムシも、初めて食べました。こうやって、井川の魅力にすっかりとりつかれました。望月さんのことを人間として好きになったのが大きかったと思います。望月さんと付き合っていると、近代化して堕落している自分と比べて、人間としてのたくましさを感じます。一輪車に山盛りの野菜などのお土産をもらって、翌週お返しの気持ちを含め何かお手伝いできないかと井川に行くと、またたくさん野菜をもらいました。そういった近所付き合いは故郷の用宗でもありましたが、美しいし、懐かしい気持ちになります。

そして、いよいよ２０１１年に望月さんのお宅で蕎麦の話で盛り上がり、焼畑をやろうということになりました。井川地区では伝統的な焼畑が最近まで行われていました。翌年の２０１２年に、焼畑の経験のある高齢の実践者に指導を受けながら、茶畑の耕作放棄地でまずはやってみようというところからスタートしました。しかし、1年目はほとんど蕎麦は穫れませんでした。2年目（２０１３年）は特に地元の人の気合が凄くてたくさんの量が獲れすごく嬉しかったのを覚えています。今は収穫の多寡はあまり気にしていません。収量に波があるからこそ、貴重なものだという思いになるし、毎年簡単にできてしまったらつまらないからです。焼畑の作業の中では、火入れをする場所に燃やす草木が足りない時に、他の場所から枝葉などモエクサを集めてくるのが一番大変な作業だと感じています。また、茶畑などの耕作放棄地を焼くのではなくて、いずれは椎葉で見たような循環式の焼畑にしたいなあと思っていました。

楽しく、山を循環させる

焼畑を始めて数年が経ち、井川の小河内地区では井川焼畑倶楽部・結いの仲間も結成され、ますます盛り上がってきた頃に、望月夫妻たちと一緒に椎葉の焼畑の視察研修に井川焼畑実践の方々と「民宿焼畑」を訪れることができました。椎葉勝さんから丁寧に焼畑や山の状況を教えていただき私たちは感動しました。リーダーの望月正人さんが、「山を循環させる焼畑をやるぞ！」と椎葉の山を眺めつつ目を輝かせながら、同行している井川の焼畑関係の私たちに熱く決意表明のように語ってくれたのを今でも鮮明に覚えています。次の年から山を伐採した循環の焼畑が始まりました。

また、焼畑をさらに効率よく続けるにあたって私のなかでも大きな目標ができました。私自身が静岡市内から通える頻度には限りがありますし、現場の作業は地元の方々がほとんど役割を担ってくれています。蕎麦の脱穀後に唐箕で殻を飛ばすのも望月さんがしてくれます。自分の一番の役割は、焼畑でできる生産物を使っておいしいものを作るという出口の部分をしっかりやることだと思ったことです。

焼畑に限らず、何事も楽しくないと続きません。だから、楽しくするのが最大のポイントだと思っています。行政からのサポートをもらえても、それだけではざっくばらんに物事が進んでいくわけでもないでしょう。井川の小河内地区の焼畑の場合には、望月正人さん夫妻の人柄が大きいと思います。去年と今年は、新型コロナウイルス感染症のためにできていないですが、毎年火入れ作業の前に望月さんの別宅の「焼畑ハウス」で前夜祭をするのが参加者の何よりの楽しみになっています。店で焼畑の蕎麦を食べたお客さんや焼畑に関心を持つ人々があちこちから人づてで作業の手伝いに集まるようになりました。それに地元の人たちも参加してくださって、在来ジャガイモのオランドなど在来作物も食べます。こんな風に、焼畑は一つのコミュニティを作ります。焼畑は人と自然を繋ぐだけではなくて、人と人の接点にもなるんだと思います。私は井川との付き合いの中で生活の中にある蕎麦に夢中になり、蕎麦を通じてお客さんに伝えたいと思うようになりました。縁あって出会った人たちには単純においしいと思ってもらえて、人生のスイッチを切り替えてもらえたらうれしいです。

※本稿のもとになった聞き取りは、2021年9月3日にZoomソフトを用いてオンラインでおこなわれました。

伝統の継承と復興

4 焼畑実践の魅力
――静岡県静岡市　井川における実践から

オフィス里地里山
杉本　史生

小河内地区における焼畑への参加

筆者は静岡市より地域おこし協力隊（以下、協力隊と略記）の委嘱を受けることが決まり、2016年1月に井川へ移住しました[1]。井川は静岡市の最北に位置する山村です。ユネスコエコパーク（Biosphere Reserves：生物圏保存地域）に登録され、観光資源としては紅葉、南アルプスの山小屋、井川湖周遊の渡船、トロッコ列車、温泉等があるものの、市街地からの交通アクセスに恵まれていないことが観光振興の最大のネックになっています。2021年6月末現在、人口は431人、高齢化率は62・0％で過疎と高齢化が進んでいます。人口が最も多い集落は本村地区で、車でさらに北へ約15分進むと小河内地区に着きます。

私が最初に焼畑に参加した場所は小河内地区です。同地区では2012年に山林を所有する地元住民と、市街地の手作り蕎麦店主が意気投合し、焼畑を50年ぶりに復活させ、続けています（本書第4章2）。育てているのは在来種のソバで、他作物と交雑しにくい環境で栽培し、すでにテレビや新聞で報道されていました。

焼畑は生物と文化の多様性、ならびに景観の保全につながり、自然学習の場としても活用できます。ゆえに、ユネスコエコパークの理念を実現していくうえでふさわしいのではないか。また、焼畑は全国的にも珍しく、観光振興をテーマとする筆者は井川の知名度を上げ、遠隔地から観光客を呼び込む一手段として、有効ではないかと考えました。加えて、２０１６年4月から3年間、静岡市が農林水産省の補助を受け、在来作物の保全・活用を通じた山村振興事業を行うことが決定したため、井川の焼畑を支援することは時宜を得た活動と捉えました。

そこでまず、２０１６年夏に実施された小河内地区での火入れを、準備段階から支援しつつ記録し、焼畑をメインとした観光パンフレットを制作しました。２０１６年2月に協力隊に着任して以来、筆者の活動において焼畑関連は全体の約半分を占めました。焼畑以外で比重の大きかった活動は、化学肥料を使用した「赤石豆」（在来作物のラッカセイ）の生産と販売支援です。ただし、後述する焼畑ツアーで「赤石豆」入り豆餅をお土産に配付する等、時に両者を結びつけ、地域振興を試みました。なぜなら、「赤石豆」は地元で「コクがあり、おいしい」と言われ、外観に特徴を持ち、販売量を増やし、付加価値を高められる

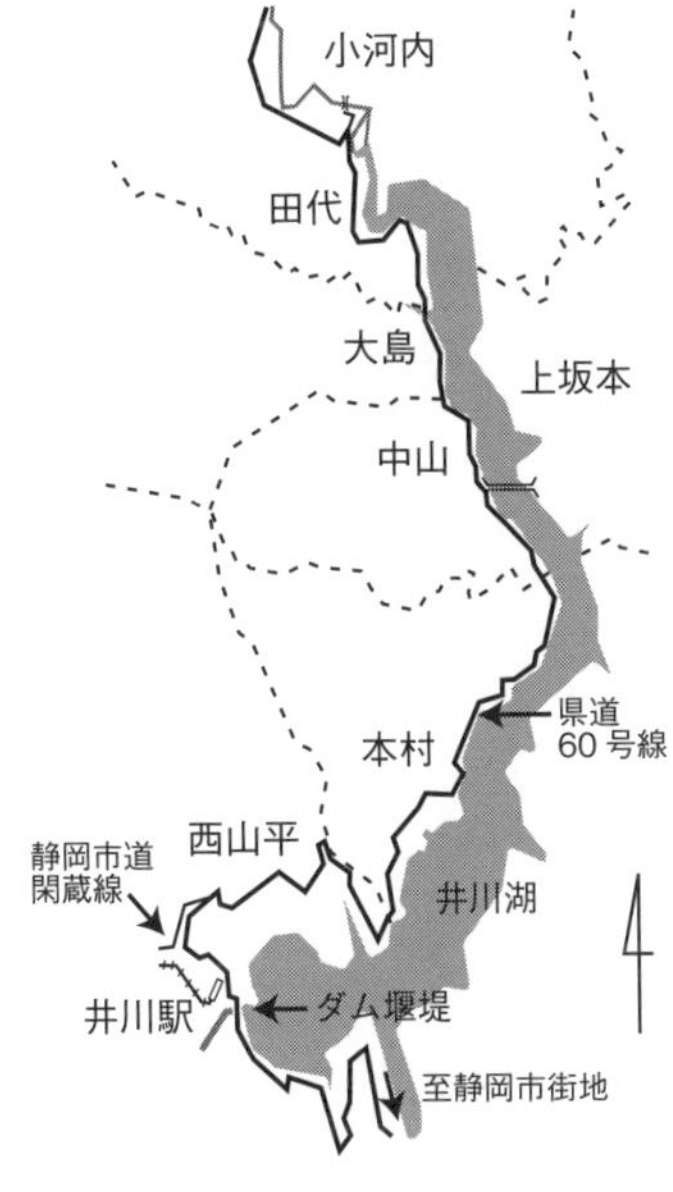

図１　静岡市井川駅以北の集落の略図
出所：国土地理院の地図、農林水産省「わがマチ・わがムラ」の地図「農業集落境界」をもとに筆者作成。

余地があったからです。その特徴とは粒が小さい反面、さやによって3〜4つの豆が入っており、薄皮が鮮やかな朱色をしていることです。2016年春、この豆の生産農家数は7戸でした。筆者は西山平地区で「赤石豆」を生産する夫婦のもと、栽培方法を教わりながら、約1畝の面積で生産を始めました。また、同地区の農林産物加工場と連携し、加工品の商品開発やPR、市街地における販売支援等を行いました。この結果、「赤石豆」に興味を持つ地元住民が増え、翌年度には静岡産業大学のグループが援農に取り組み、JA静岡市による「一支店一協同活動」に位置づけられたこともあって、2018年に生産農家数は19戸に伸びました。なお、本稿における在来作物の定義は「品種改良された現代の作物と異なり、昔からその土地で守り伝えられてきた作物」（稲垣栄洋『しずおかの在来作物』静岡新聞社、2014年）に依拠しています。

本村地区における焼畑実行組織の設立・運営

設立の経緯

本村地区には、広い駐車場を持つ井川ビジターセンターがあります。当時、同センターから徒歩約8分の所に、耕作放棄の茶畑がありました。2016年秋、地元の自治会役員の要望を受け、私はその茶畑を利用した焼畑イベントの実現可能性を模索し始めました。地権者、周辺地権者、地元の火入れ経験者や森林組合、在来作物の種の所持者等にヒアリングし、翌年2月、実行組織「井川の焼畑農業の会」（以下、焼畑の会と略記）を設立しました。構成員は代表の自治会役員、環境NPO役員、まち歩きガイド、井川老人会役員、事務局の筆者です。この5名の間で、事業を継続的・効果的に行うためには実行組織が不可欠、との認識で一致したからです。

運営の内容

協力隊の委嘱期間中、火入れは２０１７年と２０１８年の夏に実施しました。場所は1年目が井川財産区の公有地（約6畝）、２年目が隣接する同区の公有地と私有地（計約5畝）で、面積を拡大しました。火入れの材料は茶の木のほか、後背に伸びていたコナラ、クリ、スギ、ヒノキ等です。２年目の火入れでは樹木や草を直前に積み上げ、湿気がこもらぬようにした結果、よく燃えました。技術面では小河内・本村地区の経験者から、助言を受けています。育てた作物は火入れ1年目の所ではソバ、２年目の所では在来作物のジャガイモとミドリアズキです。ミドリアズキについてはまずまずの収量で、播種量に対し約１６０倍に増加しました。六車由実は山焼きを観光事業として行う際の難点に関し、気象条件、及び焼き尽くす時間数の観点から指摘されています。つまり、山焼きの日程は天気次第ですが、観光を主な目的にすると延期日を平日にするわけにいかず、観光事業とのバランスから山を焼き尽くす時間も短くなる点です（六車由実「山焼きの民俗思想――火を介した自然利用の方法の現代的可能性」『季刊東北

写真１　井川本村地区における火入れ
㊤は 2017 年 8 月 6 日、㊦は 2018 年 8 月 5 日
出所：中島裕也撮影。

学』2007年11、56～71頁)。本村地区の場合、両年とも火入れ当日は晴天・微風、直前も気象条件に恵まれました。しかし、2年目のソバについては開花後に台風が接近し、製粉に至らない収量でした。

焼畑の会の運営において、筆者は事務局として産官学民と連携し、次の役割を果たしました。すなわち、①火入れ地等の地権者との交渉、②火入れに関する条例に基づく手続き、③運営委員会の準備と記録、④経理、⑤イベント等の企画・広報、⑥樹木を伐採し積み上げる作業やイベント時の人的・物的支援の依頼、⑦ボランティアや学生のフィールドワークの窓口等です。また、農場の管理者を務め、サポーターと獣害対策の電気柵やネットを設置し、作物を育てました。

イベントやツアー関係は、主催と協力事業を3回ずつ行いました。協力事業とは他団体主催による観光ツアー客、並びに自然保護セミナーの参加者を焼畑地周辺で受け入れた取り組みです。主催事業の内訳は火入れイベントが2回、あとは2018年4月の観光ツアーです。後者のツアー名は「焼畑そばの試食&赤石温泉の入浴」で、好評でした。参加費を4千円(バス代・食事代・入浴料、税込)に設定し、一般参加者20名を募集したところ、50名以上の申込みがありました。このツアーは静岡市が地元主体の地域振興の取り組みに対し、バスを無料で手配する「葵トラベラー」制度を活用した事業です。

プログラムは運営委員会で協議し、焼畑地前で先述したジャガイモ農家から種子[2]のルーツや食べ方を聴き、隣地でのワラビ採り、ガイド付の古道散策、さらに井川メンパ(漆塗りの曲げ物)を使ったそばがきづくりを体験し、試食する内容です(写真2)。地元では雑穀の粉を井川メンパに入れ、熱湯を注ぎ掻いて食べる文化があり、参加者はそれを地元住民12名と同席し体験しました。お土産には地場産品のPRを兼ねて、「赤石豆」入りの豆餅を付けました。参加者アンケート(無記名方式)の結果を示しますと、質問「本日の満足度は」

に対し、選択肢「非常に満足」と「やや満足」を選んだ人がそれぞれ13名（全体の65%）と6名（同30%）、「ふつう」「やや不満」「不満」を選んだ人はなく、未回答者が1名（同5%）でした。次に、「地元の方へのメッセージ」を書く欄では、以下の内容がみられました。それは「山の幸、おいしかったです。在来食材・人、宝だと思います。アピールして下さい」「井川が大好きで何回も来ていますが、地元の方のお話をきく機会がなかったので、今回とても楽しかったです」「井川の歴史や現状等を知ることができ、親しみがわいてきました」「過疎地のため、地元の方たちの努力が大変感じられた。ワラビ採り初体験、楽しかった」「ありがとうございました。もっともっと歴史のこと、土地の言葉などお聞きしたいです。また来ます！」等です。

写真２　焼畑そばがきづくりを体験する観光ツアー客
出所：2018年4月30日、芦澤尚達撮影。

県外の実践団体との交流

２０１７年3月、筆者は焼畑実践者の全国集会「第1回焼畑フォーラム」（於：椎葉村）に、小河内地区の焼畑の中心者2名と参加しました。翌年2月には長浜市余呉町をフィールドとし、在来カブ等を栽培する「火野山ひろば」のメンバーと、京都で集まりました。そして、およそ1年後の「第2回焼畑フォーラム」（於：静岡市）では運営に携わり、焼畑の醍醐味と労苦を味わってきた人々との新たな出会いや再会がありました。以上の機会を通じて、各地の実践内容をいっそう知りました。例を挙げると、椎葉村や鶴岡市内における焼畑は、旅行会社がいち早く関心を持ち、関連ツアーが実施されてきたことです。つまり、ツアー参加者が焼畑地を訪ねて見学や収穫体験をする、あるいは収穫物の加工・試食を行う等の形式で、事業化が図られてきた点です[3]。もうひとつは、静岡市では2013年に収穫された井川の焼畑そばを食べ、香りの良さを強調し、火入れ等に関与する人が存在するように、余呉町でも焼畑でつくった在来カブのおいしさが料理人たちを惹きつけている点です（野間直彦・河野元子「在来品種ヤマカブラの継承とおいしさの再発見――焼畑と都市をつなぐ（滋賀県長浜市）」『農業と経済』86（6）、2020年、70〜74頁）（本書第13章）。

焼畑実践の魅力

焼畑を実践する過程で、その魅力を3点感じています。第1に、荒廃地の再生を図る火入れです。火入れ当日、用意した木本・草本類が勢いよく燃え上がり、地表面をしっかりと焼くことができた時の喜びは大きいです。手間暇を要する分、その場所に集った人々と力を合せ、壁を乗り越えた達成感と充実感を味わうことができます。

第2に、在来作物の継承、及び収穫物の提供です。今日でも焼畑が営まれる中山間地では、在来作物が比較的残っています。そして、本事例のように、種継ぎ人から種子のルーツや昔ながらの食べ方について、双方向でコミュニケーションを取れることもあります。在来作物は化学肥料等を使用する慣行農法でも栽培できますが、焼畑で育ったソバやカブに惹きつけられる人がおり、焼畑にはこうしたニーズに応える楽しみもあります。

第3に、観光イベントやツアーへの参画です。静岡市や他市村でみられるように、焼畑には火入れ体験以外にも観光客のニーズがあります。火入れ後、焼畑地とその周辺では作物や樹木が成長し、山菜類等が生えて絶えず変化します。また、植林や長い休閑期に入っている場所が近くにあれば、なおさら観光資源が豊かです。焼畑実践者らは現場の実態や過去のイベントの内容等を踏まえ、適宜焼畑関連の体験を組入れ、当該地域ならではの観光プログラムを創造する経験を積むことができます。

昨今、焼畑実践者のネットワークが全国的に拡大しつつあります。これは焼畑関連の観光事業の充実にとっても重要な意義を持ちます。というのは、焼畑の実践者同士が、観光イベント等のプログラム・参加費・参加者の反応、資金調達の方法等を共有でき、観光事業の改善に資するからです。この結果、焼畑関連の観光客の満足度が高まるならば、当該地域の「関係人口」(小田切徳美「田園回帰と農山村再生」日本生命財団編『人と自然の環境学』東京大学出版会、2019年)の増加につながることが期待できます。

注

(1)2016年1月中は静岡市井川地域資源調査員、同年2月から3年間は静岡市井川地域おこし協力隊として委嘱を受けました。

(2)このジャガイモは皮の色が紫で、長野県売木村のジャガイモと遺伝的に近く、南アルプスを挟んだ交流の産物と考えられています(大井美知男ほか『地域を照らす伝統作物』川辺書林、2011年)。井川では「オランド」と呼ばれています。

(3)椎葉村と鶴岡市の焼畑関連の観光ツアーについては、上野敏彦『千年を耕す 椎葉焼き畑村紀行』平凡社、2011年、江頭宏昌編『平成29年度 鶴岡市在来作物調査研究事業報告書』2018年、を参考にしています。

5 焼畑カブのブランド化

まえがき

日本の焼畑では、雑穀や豆、芋、さらには楮（こうぞ）や三椏（みつまた）といった商品作物など、地域によってさまざまな作物が栽培されてきましたが、特に日本海側の地域においては、焼畑と赤カブが密接に結びついてきた事例が多くみられます。そのなかでも、本章が取り上げる近接した二つの地域——山形県鶴岡市温海地区と新潟県村上市山北地区——は、現代日本において焼畑で赤カブを栽培し続けている代表例として、よく知られています。

本章を読む上でのポイントを、2点挙げたいと思います。1点目は、ブランドのローカル性を活かす手法に着目することです。焼畑栽培されている赤カブは、温海地区では「焼畑あつみかぶ」、山北地区では「山焼きの赤かぶ」というように、地域に根差したブランドとなっています。そして、これらの赤カブは漬物にすることで特に味の魅力が引き出されるため、それぞれの地域において伝統的な加工法が継承されてきました。

ここまではごく一般的な「在来作物」や「郷土食」の事例のようにみえますが、温海地区と山北地区における焼畑カブのブランド化手法には違いがあります。まず、温海地区で栽培された赤カブの漬物は、2022年1月現在、例えば筆者が居住する青森県弘前市で入手することができるほど販路が広がっています。また、本文に記されている通り、温海地区における行政、農協、森林組合、地元企業などの多様な主体の連携によって、「焼畑あつみかぶ」のブランド化が推進されています。一方、山北地区では、昔から林業の施業過程の一環として火入れをし、赤カブを栽培してきたという部分にこだわり、既にある伐採跡地ではなく、新たに杉を伐採してから焼畑をすることを重視してきました。そのため生産量は相対的に小規模なものにとどまっていますが、その希少価値を活かし、レストランへの出荷など、独自の販路を開拓してきました。いずれの地区においても、ローカル性を犠牲にすることなく焼畑カブのブランド化に成功してきたという点において、食品マーケティングにおける独自性の高い好事例であると言うことができるでしょう。

もう1点は、焼畑のような地域に根差した複数の要素を有機的に関連付け、地域の特徴としてストーリー化する方法に着目することです。温海地区・山北地区のいずれの事例でも触れられている通り、両地区における焼畑は、歴史的に林業と結びついてきました。温海町森林組合ではこのような在来の生業の仕組みを「資源の循環利用」という視点からストーリー化し、対外的に発信しています。また、山北地区においては、焼畑に加えて、チマキや栃もちづくり、しな布製作などにも共通する「灰」の存在に着目し、「灰の文化」という独自性の高いコンセプトを打ち出しています。こうしたストーリー化の事例は、地域の現場を支援する立場にある行政や公的団体、コンサルタント等に対しても有益な知見を提供するものであると考えられます。

（辻本侑生）

5 焼畑カブのブランド化

1 「焼畑あつみかぶ」ブランド化の軌跡
――山形県鶴岡市　温海地域

鶴岡市温海庁舎産業建設課
中村　純

温海地域の紹介

山形県鶴岡市域の約7割を占める広大な森林は、優れた木材を産出するとともに、赤川水系の赤川、大山川や最上川水系の京田川、藤島川等の河川によって豊富な水資源を供給し、実り豊かな農業の営みでの地域固有の食文化や伝統芸能を育むなど、農林水産業を基幹とする本市を支えています（表1）。

温海（あつみ）地域は、海・山・川・温泉など自然に恵まれた地域で、三方を山々に囲まれ西側は日本海に面しています（図1）。開湯1200年の歴史を誇る「あつみ温泉」を中心とした観光とブランド水産物の紅えび、庄内おばこサワラ、庄内北前ガニ等山形県一の水揚げ高を誇る「鼠ヶ関港」を有しており漁業がさかんです。面積の約9割が山林で占められ平地が少なく、国県道沿線に一定の距離を置いて27の集落が形成されています。

しかしながら、人口減少や少子高齢化が進み、自治機能の維持において人材不足や財政難などの課題に直面しており、さらには、生活スタイルの変化も加わって、地域住民だけで伝統文化を継承することが困難な集落が多くなってきています。2021（令和3）年3月末時点における温海地域の総人口（住民基本台帳）は6732人で、合併当初の2005（平成17）年10月と比較し3353人減少（▲33・2%）しており、高齢化率は47・6%で合併直後の2006（平成18）年4月と比較して14・3ポイントも上昇するなど、人口動態は本市他地域と比較しても、少子高齢化、人口減少の進行スピードが速くなっています（表2）。

地域の農業については、農地は傾斜度がきつく狭隘な面積が多数であり、少量多品目生産の小規模農家が多く兼業農家が主となっています。小規模農家の離農が進む一方で農地の集約化や規模拡大が進まない現状にあり、農産物の主力である稲作については地形的制約から大規模化が難しい反面、沢水を利用した米づくりなどにより高品質で特色ある米を産出しており、併せて「焼畑あつみかぶ」や「越沢三角そば」など在来作物の生産やそのブラ

図1　鶴岡市温海地域の場所

鶴岡市は、山形県の西北部にある庄内地方の南部地方に位置し、2005（平成17）年10月1日に旧鶴岡市、旧藤島町、旧羽黒町、旧櫛引町、旧朝日村および旧温海町の6市町村が合併し、東北地方では第1位となる面積1,311.53㎢、人口14万2,000人余り（県内第2位）の新鶴岡市として発足しました。

市北部には庄内平野が広がり、東部から南部にかけては出羽丘陵、朝日連峰および摩耶山岳地帯が連なっています。一方、西部は日本海に面し、日本三大砂丘の庄内砂丘を含む約42㎞にわたる海岸線など、平野・山岳・海岸部と変化に富んだ地形を有しています。

表1　鶴岡市の概要

面　積	1311.53㎢
広ぼう	東西：43.1㎞ 南北：56.4㎞
人　口	12万3146人
世帯数	4万9182世帯
人口密度	93.9人／km^2

出所：R3・3・31鶴岡市住民登録より筆者作成。

表2　住民基本台帳人口

	H17.10	H21.3	H24.3	H27.3	H30.3	R3.3
鶴岡市全体	143,994	139,619	136,146	132,313	127,736	123,146
温海地域	10,085	9,418	8,522	8,050	7,437	6,732

出所：住民基本台帳人口より、筆者作成。

ンド化も進められています。

山形県の在来作物と「焼畑あつみかぶ」

「山形在来作物研究会」（事務局：山形大学農学部）は、2003（平成15）年11月30日に発足しました。山形県内外の在来作物の存在と意義を見つめ直すことを通して、地域食文化の再発掘や安全で豊かな食生活の提言、地域独自の資源を活かした食品関連産業の活性化への貢献を目指しています。在来作物の定義である「ある地域で栽培者自身が自家採種しながら世代を超えて生活に利用してきた作物」に合致する作物は、山形県内で179品目が確認されています。そのうち本市は県全体の約3割である60種類、温海地域では9種類（他市町及び地域と共有も含む）を有しています。「焼畑あつみかぶ」もその一つです（平成29年度「鶴岡市在来作物調査研究事業」報告書、平成30年3月30日、山形在来作物研究会より引用）。

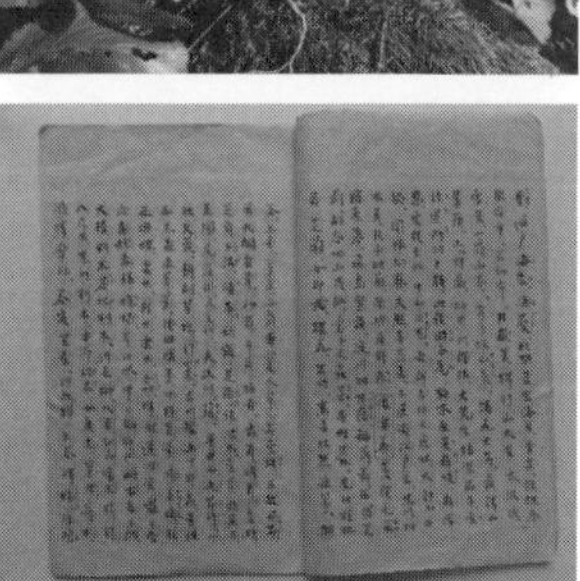

㊤写真1　焼畑あつみかぶ
㊦写真2　「松竹往来」
出所：筆者撮影。

「焼畑あつみかぶ」（写真1）は、山形県鶴岡市温海地域の山間部傾斜地において、焼畑農法により栽培される在来種「温海カブ」です。外側は濃い赤紫色をした丸かぶで、皮は薄く柔らかいことが特徴です。焼畑を行うことで表面がツヤツヤとし、鮮やかな赤紫色が表れます。内部は白色で、肉質は締まっていて甘みがあります。和種系赤カブと比較すると、葉は開いて毛が多く、葉の長さは比較的短くなっています。耐寒性が強く冬期低温で痛むことが少なくなっています。東日本側に多く見られる洋種系品種に分類される「温海カブ」はその昔、シベリアまたは中国東北部から伝来したとされる西洋かぶの一種であり、本地域の一霞（ひとかすみ）集落に２００年前とも３５０年前ともいわれる時期に導入されました。寛文12（１６７２）年の「松竹往来」（写真2）に、庄内地方の産物の一つとして、「温海蕪」の記述があり、少なくとも江戸時代より栽培されていたものと推察されます。温海組御用留帳等、江戸時代の温海大庄屋の覚書に再三書き記されており、漬物用として温海蕪を納入する用命や、漬物として江戸まで送る際は塩加減を調節する等の記載があり、江戸時代から漬物用野菜として珍重されていました。

種子の純度を保ち交配を避けるため、種の原産地である一霞集落内では古くから、種取りの時期である春に他のアブラナ属植物が生えていたら問答無用で抜いてよい、という取り決めを守り続けてきました。一霞集落の土壌は、焼畑あつみかぶの生育に適した火山灰土です。約８００年前に発生した温海岳の噴火が、焼畑あつみかぶの生育に欠かせないミネラル分豊富な土壌をもたらしています。また、温海地域の森林面積は総面積の約9割を占めており、年間降水量が１８００～２２００㎜とスギの生育に適しています。平地の少ない温海地域では古くからスギの伐採後に焼畑を行い、作物収穫後に植林を行うサイクルで、２００年以上も前から焼畑農法が受け継がれてきました。

焼畑の効果は、土壌内において収穫期まで続くpHの上昇や、作物の三大肥料である窒素・リン酸・カリのうち、アンモニウム態窒素の増加や灰の中に大量のカリが含まれることが挙げられ、栄養豊富な天然の肥料がカブの生育に重要な影響を与えています。また、火を入れることにより地表の雑草や病害虫も焼けてしまう殺菌作用があることから、病害虫防除や除草等、播種後の農作業を容易にする効果もあります。

温海地域で行われる焼畑は、かつて（２００年前から）内陸・日本海側を中心に行われていた夏焼きの「カノ型」焼畑と呼ばれていたものです。かつては山形県内ほぼ全域で行われていた焼畑ですが、現在では温海地域をはじめとした鶴岡市、酒田市、尾花沢市の一部でのみ行われています。

山形県農林統計によると、1926（昭和元）年の温海地域における焼畑農法による在来種「温海カブ」の作付面積は22・9町（約23ha）、収穫高は2万7674貫（約103トン）。以後の昭和期においても面積20ha弱、200トン前後の収穫量がありました。現在においても庄内たがわ農業協同組合温海支所園芸振興部会調べでは毎年100トン前後の収穫があり、多くは漬物用野菜

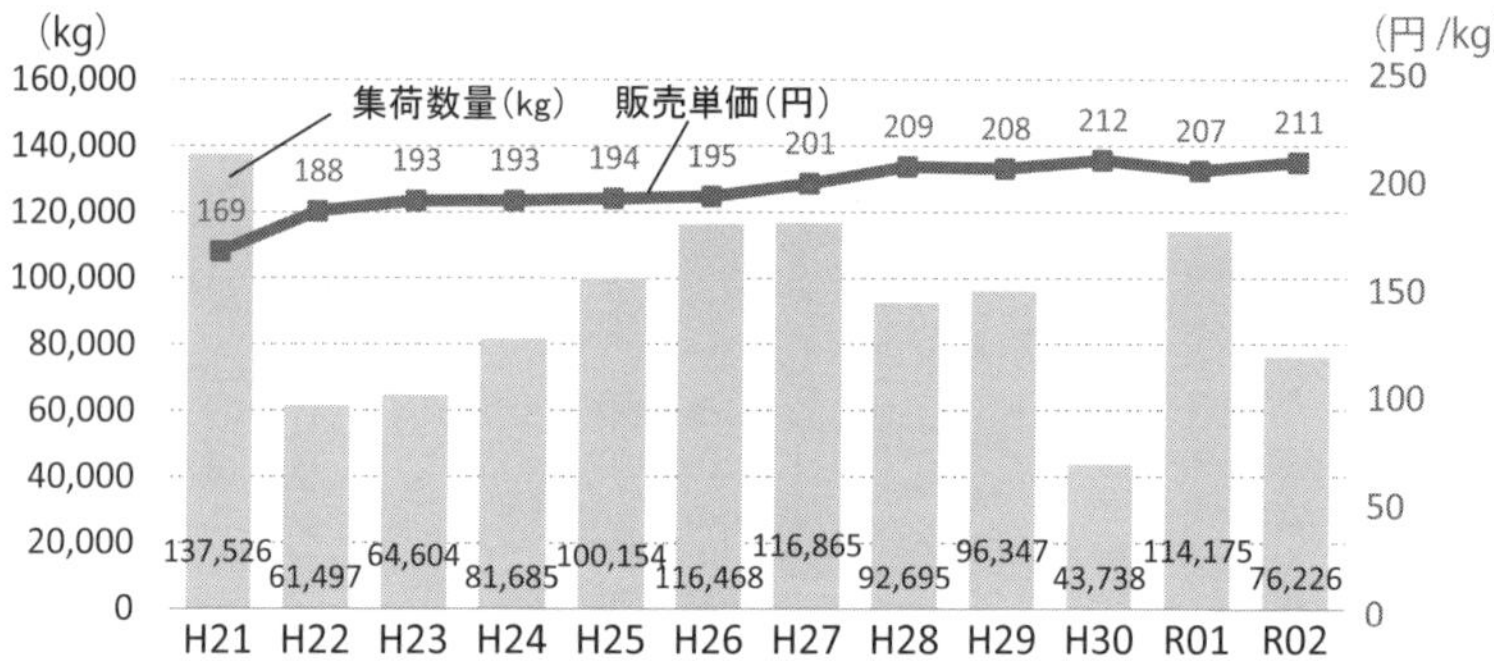

図２　焼畑あつみかぶ取扱量の推移
（JA 庄内たがわ温海支所取扱分）
出所：筆者作成。

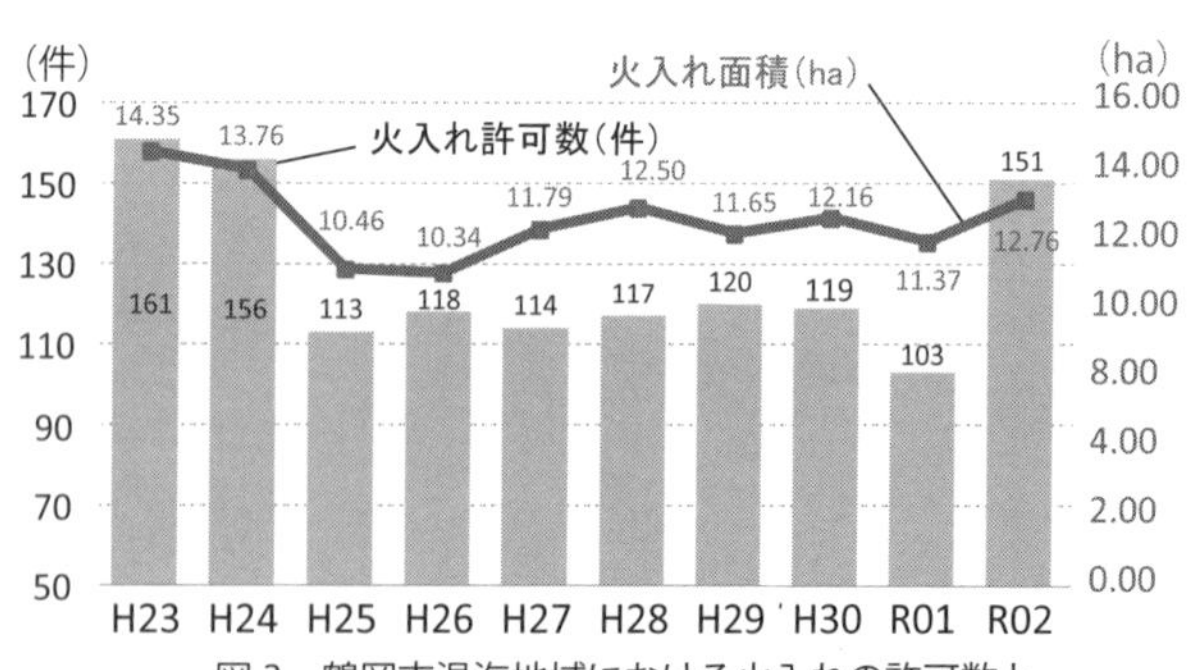

図３　鶴岡市温海地域における火入れの許可数と
火入れ面積の推移
出所：筆者作成。

として出荷されています（図2、3）。

「焼畑あつみかぶ」は、漬物用野菜として古くから珍重されてきました。江戸時代から近年までは糠漬けや味噌と塩で漬け込む「アバ漬け」と呼ばれるものが主流でしたが、現在では砂糖・塩・酢で漬け込んだ「甘酢漬け」が主流です。漬け込むことにより皮の色が内部に浸透し、全体が色鮮やかな赤紫色に染まります。甘酢漬けはほどよい辛さとパリシャキとした歯ざわりの良さが特徴です（写真3）。

焼畑あつみかぶブランド力向上対策協議会の取り組み

「焼畑あつみかぶ」に関して、温海地域では古くから活性化対策としてさまざまな団体が設立された経過があります。1984（昭和59）年に一霞温海かぶ生産組合を立ち上げ、かぶ加工処理施設を建設し、地域内で生産される焼畑あつみかぶを原材料とした甘酢漬けの加工を行ってきました。原産地として種の生産から栽培、加工・販売まで集落全体で行う活動や文化を継承する取り組みが評価され、平成26年度に「豊かなむらづくり全国表彰事業　農林水産大臣賞」を受賞しました。本協議会の構成団体でもある庄内たがわ農業協同組合温海支所においては、合併前の温海町農業協同組合において1993（平成5）年に温海かぶ部会、1997（平成9）年3月に園芸振興部会が設立され、講習会の開催等栽培技術の向上に努め、部会員の経営安定に資するための活動を行ってきました。

写真3　焼畑あつみかぶの甘酢漬け
出所：鶴岡市撮影。

自治体の取り組みとして、旧温海町が2005（平成17）年度に「温海か

図4　「焼畑あつみかぶ」ロゴ・マーク

「焼畑あつみかぶ」を広くＰＲするため、ロゴマークを募集。採用されたマークの使用管理要綱を定め、栽培基準要綱を順守した産品及び漬物等加工品への使用や、認知度向上のためのリーフレット、ポスター、のぼり旗等を作成。平成26年11月に、ＪＡ庄内たがわの出願による図形商標が登録された。（登録商標　第5721225号）

ぶブランド商品開発推進協議会」を設立し、無化学肥料・無農薬栽培の山形県特別栽培農産物の認証を取得し、差別化を図る取り組みを行ってきました。その後、２０１２（平成24）年7月3日に、温海地域のトップブランド農産物に相応しい高品質で安定した焼畑あつみかぶの生産体制の構築とブランド力の向上を目的として本協議会が設立され、優良種子生産の支援や栽培基準の作成、ロゴマーク（図４）の制定及び商標登録、研修活動、ＰＲ活動等に取り組んでいます（巻末資料１、２）。協議会はＪＡ庄内たがわ農協温海支所、一霞温海かぶ生産組合（漬物加工施設）、んめっちゃ市（産直団体）、クアポリス温海（産直運営企業）、温海町森林組合、鶴岡市温海庁舎で構成し、山形大学農学部、山形県庄内総合支庁農業技術普及課がオブザーバーとして参画しています。

未来に向けて

「焼畑あつみかぶ」は、県内及び新潟県における焼畑で栽培された赤カブの中では、栽培面積の基となる火入許可申請及び面積、ＪＡ出荷の生産者数、出荷量は最大ですが、近年その数値は徐々に減少傾向にあります。その原因は生産農家の高齢化や過酷な焼畑作業の敬遠、温暖化による収穫量の変化が考えられます。協議会では安定した生産体制の構築は栽培面積と生産量の維持がブランドを守り続けるためのポイントと捉え、2020（令和2）年度より「栽培チャレンジサポート事業」、2021（令和3）年度より「スギ葉マッチング事業」を展開しています。

「栽培チャレンジサポート事業」は、次世代を担う方々が取り組むグループでの栽培に対して、地域農産物マイスター（地域特産物の生産・加工の分野で卓越した技術・能力を有し、産地育成の指導者となる人材に対し、公益財団法人日本特産農産物協会が認定する）等ベテラン生産者の指導を仰ぎながら圃場の整備から焼畑、収穫、加工の他、関係する書類整備まで取り組むことで、焼畑栽培技術の継承や後継者育成に繋げる活動です。現在、若手農業後継者やあつみ温泉旅館従業員等3グループが取り組み、JAや産直施設への出荷、旅館内での活用やPRに繋がっています。

㊤写真4　優良種子の採取
㊥写真5　急斜面での収穫作業
㊦写真6　真夏に行われる火入れ作業
出所：筆者撮影。

「スギ葉マッチング事業」は、森林整備で生じた残材のスギ葉を焼畑作業時の有効な燃焼物として利活用するため、焼畑の際に現地で刈り払った草木等の燃焼物だけでは十分な火力による焼畑が難しい圃場が見受けられてきたことから、スギ葉を容易に調達できる仕組みを構築して、効果的な焼畑作業に繋げる取り組みです。温海町森林組合が伐採する山林から集落近くのアクセスが容易な場所に搬出し、協議会事務局に申し込みをした生産農家が必要量を軽トラック等で運搬し、各々の畑で焼畑に活用しました。本年度は14戸の農家から申し込みで事業を行いましたが、将来的には自然由来の肥料としての付加価値をつけ、お金の循環が生まれる取り組みを目指しています。

また、温海町森林組合が実施している、スギ皆伐跡地を焼畑にして「焼畑あつみかぶ」栽培で利用し、その収穫後に行う再造林等の経費に販売利益を充当して森林所有者負担の削減を図る「資源の循環利用」の取り組みは、下降気味である栽培面積や生産量の押し上げ、焼畑栽培の技術の継承に繋がっています。

資料1　焼畑あつみかぶブランド力向上対策協議会　主な事業経過（年度と主な内容）

平成24年度　事業開始
平成24～27年度　優良種子採種実証事業
平成25～26年度　「焼畑あつみかぶ」ロゴ・マークの公募、決定、商標登録
平成26年度　栽培基準、ロゴ・マーク使用管理要綱の制定
平成26年度～　販促ツールの作成。のぼり、ミニのぼり、ポスター、リーフレット、缶バッジ、紹介カード、はっぴ、車両用マグネットシート
平成27年度～　ＰＲ活動（市内農林水産イベント、首都圏ＰＲイベント）

平成28年度　写真コンテスト
平成29～令和1年度　ＧＩ登録に向けた取り組み
平成30年度　第2回焼畑フォーラム（静岡県）参加
令和2年度～　栽培サポートチャレンジ事業
令和3年度～　焼畑あつみかぶスギ葉マッチング事業

資料2　「焼畑あつみかぶ」栽培基準要綱の制定（平成26年度）

（1）栽培地域は、鶴岡市温海地域内であること。
（2）栽培ほ場は、山林、原野または原野化した農地であること。
（3）品種は、温海地域在来品種「温海カブ」であること。
（4）原産地である一霞集落で生産された種子のみを使用すること。
（5）ほ場内に自生している草木を刈り払い、焼畑を行い、耕起作業を行わずそのまま栽培すること。
（6）焼畑ほ場の再利用を行う場合は、適度な腐植の蓄積（概ね4～5年）を待って栽培すること。

5

焼畑カブのブランド化

2 焼畑を活用した資源の循環利用で持続可能な森林(もり)づくり
——山形県鶴岡市　温海地域

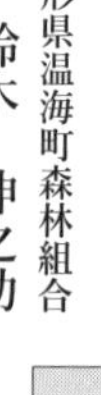

山形県温海町森林組合
鈴木　伸之助

地理的概要と森林資源等の現況

現在の山形県鶴岡市は、2005（平成17）年10月に旧鶴岡市を中心に隣接した町村との合併で誕生し、東北一の森林面積を有する市となっています。温海地域（旧温海町）は、鶴岡市西部の日本海側に位置し、南は新潟県村上市に接しており、冬は日本海特有の北西の風が強く山間部は海岸から離れるほど多雪から豪雪地帯となります。

温海地域の森林面積は2万2835ha（総面積の89・4％）を有し、そのなかで個人や法人などが所有する民有林の森林が1万6256haを占めています。戦後積極的に進められた拡大造林により、急峻な地形などにまでスギを主として植林が進められた結果、現在民有林では50％を超える8172haが人工林で、県平均の39・4％を大きく上回っています。しかし、所有する森林面積は小規模で分散している森林所有者が多いことが特徴です。

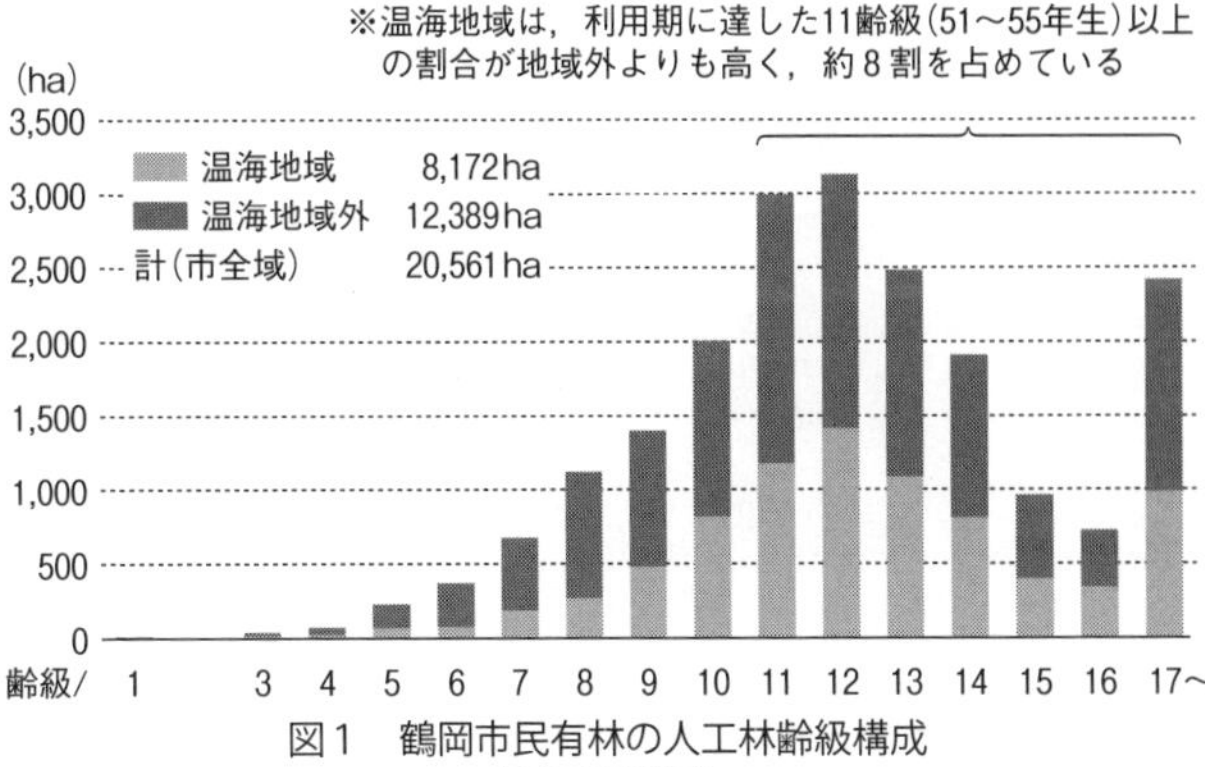

図1　鶴岡市民有林の人工林齢級構成
出所：筆者作成。

人工林の年齢は「林齢」で表されます。林齢を5年単位で区切り表したものが「齢級」です。植林した年を「1年生」と数えます。鶴岡市の人工林の齢級構成は12齢級（56～60年生）を頂点とした山型となり、温海地域では利用期を迎えた11齢級（51～55年生）以上の面積が約8割を占め、成熟した人工林資源は年々増加しています。一方で、木材価格の低迷や山村の過疎化等で更新が進まず若齢林が激減しています。林業は、山地に苗木を植え、下刈りなどの保育を経て、「間伐」（林の中が混み合ってきた木々の一部を抜き伐る間引きのこと）を繰り返し、最終的には「主伐」（木材として利用するために伐採すること）を行い、その後の「再造林」（再び苗木を植えること）から成り立ちますが、主伐後の再造林が進まないため、次世代へ向けた持続可能な森林経営の維持が危惧されます（図1）。

こうした状況のなか、今も温海地域には江戸時代から続く伝統的な焼畑による赤カブ（焼畑あつみかぶ）栽培が受け継がれています。元来、スギ主伐跡地であつみかぶが栽培されてきましたが、木材価格の低迷や焼畑をする事前準備である「焼畑地拵え」に重労働を強いられるため敬遠されています。30年前頃から、焼畑栽培が容易にできる圃場で5年間隔程度のサイクルで行う栽培が主となり、栽培者の

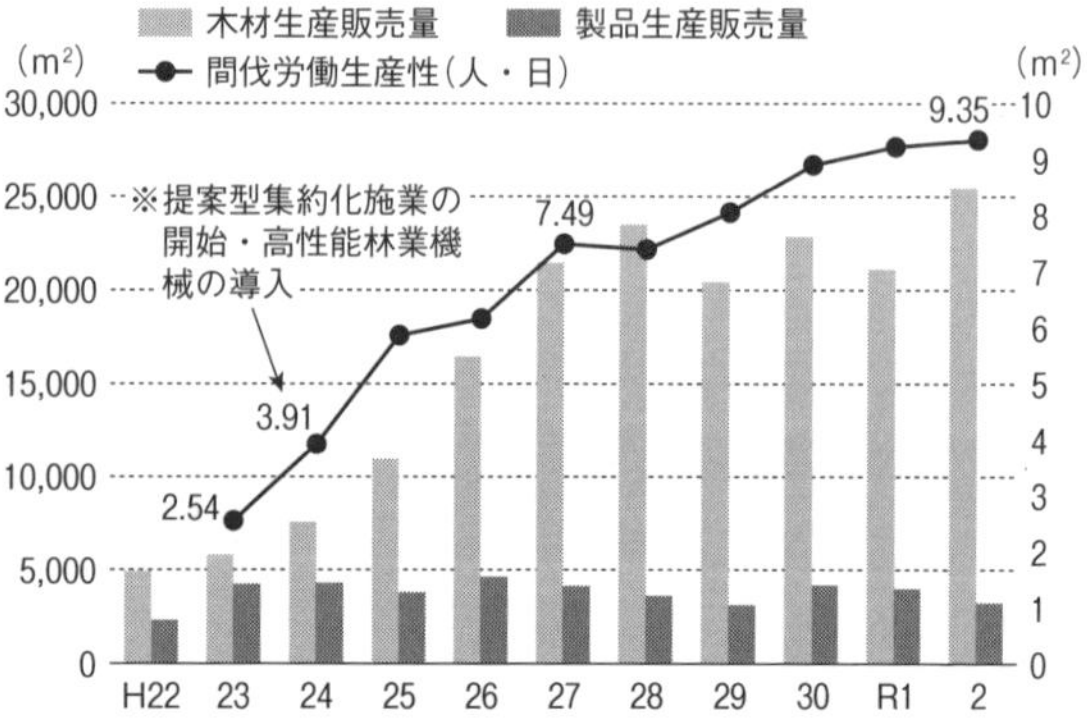

図２　木材の生産販売量と労働生産性の推移
出所：筆者作成。

高齢化等で「焼畑あつみかぶ」の生産量は減少傾向にあります。

豊かな森林資源の活用で山村地域の活性化に向けて

地域内にある民有林の人工林のほとんどが利用可能な資源となったことから、私たちの組合は成熟した森林資源の有効活用で森林整備を推進しています。林業生産力の増進により地域の活性化を図るとともに森林の多様な公益的機能の維持・強化に資するため、２００８（平成20）年度に木材の生産と需要拡大を軸とする新たな経営方針を掲げました。２０１０（平成22）年11月には直営工場の普通製材を２ｍ原木に特化した集成材原板のラミナ製材に設備転換して稼働しました。年間の原木消費量は２千㎥台から９千㎥台に増大しています。また、２０１２（平成24）年４月から高性能林業機械の車両系システム（集材→枝払・造材→搬出、３機種２セット、２班体制）を導入して搬出間伐を主とする「提案型集約化施業」（連続作業が可能なまとまりのある区域面積で、その中の複数の森林所有者に提案して行う施業）を開始しました。一つの「提案型集約化施業」区域を１団地として、例年４団地程度の集約化施業で１５０ha前後の搬出間伐による森林整備を進めてきた結果、労働生産性の向上とともに、木材は枝葉以外のフル生産・フル活用で生産量は飛躍的に増大するなど、開始４年目にあたる２０１５（平成27）年度に２万㎥台に達しました。森林所有者へは確実な利益還元が図られ、集約化施業に対する期待は地域の全域で高まっています（図２）。

表１　主伐跡地を活用した焼畑栽培の狙い

・主伐跡地活用で新たな収益と林業への還元
・焼畑で造林地拵の削減と初期下刈の省力化
・人工林の若返りによる林齢の平準化
・無肥料・無農薬栽培で他産地との差別化
・山焼きの栽培技術の継承とブランド力向上
・雇用の創出、山村地域の維持・活性化

出所：筆者作成。

写真１　集約化施業に主伐を提案して再造林を推進
出所：筆者撮影。

さらに、２０１６（平成28）年度から搬出間伐の施業とともに集約化施業に人工林の若返りを進める主伐・再造林の提案を組み入れ、持続可能な森林経営と森林の多面的機能の強化と合わせ、木材生産量のさらなる増大を目指しています（写真１）。再造林やその後の下刈り作業で発生する経費が、森林所有者の負担となっていることから、組合が一部の主伐跡地を借り受け、スギ主伐跡地を焼畑にして「焼畑あつみかぶ」栽培で利用する取り組みを始めました。かぶの販売利益を収穫後に行う再造林等の経費に充当することで森林所有者負担の削減を図る「資源の循環利用」の確立に向け、鶴岡市の支援を受けて取り組んでいます。２０２０（令和２）年度で５年が経過したこの取り組みにより、焼畑での成果は確実に上がっています。実績を地域へ示しつつその普及に努めるとともに、焼畑利用以外で提案して行う主伐・再造林も着実に増加し、直営での木材生産販売量は２・５万㎥を超えています（図２）。

持続可能な森林づくり――「皆伐跡地の焼畑あつみかぶ栽培」の新たな復活

私たちの組合の狙いは、元来行われていた主伐跡地で斜面に残った枝葉等での山焼きで行う「焼畑あつみかぶ」栽培の取り組みで新たな林業収益を得て再造林に繋げることです（表１）。例年１か所／１ha程度の面積で焼畑栽培を実施します。

雪の少ない海岸部に冬期間の作業用で集約化施業団地を設定しますが、そのなかから、焼畑に活用する山林を選定します。温海地域の中でも海岸部は山間部に比べ気温が高く、山焼きをかぶの収量等が安定するお盆過ぎに行え、さらに降雪が遅く例年12月中旬頃まで収穫が可能となるためです。再造林は収穫が多少残る11月下旬から12月上旬に苗木を植え付けます。また、この焼畑作業には毎年4～5人／延べ400人・日程度を雇用し一連の作業を担ってもらいます。

なお、主伐跡地の焼畑による「焼畑あつみかぶ」栽培と再造林の作業工程は次のとおりです。

①焼畑（山焼き）の地拵え作業

主伐跡地での焼畑地拵え作業は、7月中旬から8月下旬の山焼きが行われる前までに行います。地表面の雑草の刈払いと立木伐採後に残った枝葉を地面から浮かすなど、枝葉と地表面の乾燥を促し焼畑一面が燃えやすくなるよう整えるとともに、隣接する林への延焼を防ぐため、境界に接した枝葉等を除去して幅5ｍ以上の防火帯を作ります。

②焼畑（山焼き）作業

温海地域には、古くから焼畑が文化として根付いており市役所で火入れ許可が制度化されています。当組合の山焼きも許可を得て例年8月下旬頃を目途に晴天が3日以上続いた日に実施します（写真2）。作業は雇用者と技能職員を中心に20人程度で延焼防止班と火入れ班、指揮者等に分かれ、上部から火をつけ徐々

写真2　焼畑（山焼き）作業

写真3　播種作業

出所：いずれも筆者撮影。

に下に焼いて半日程度で作業を終了します。

山の上部から火を下ろしながら山焼きをします。枝葉や地表面が時間をかけて焼かれることで殺菌作用が働き、雑草の繁殖を抑えてスギ枝葉等の灰が肥料となる効能があり、無肥料・無農薬栽培が可能となります。これにより「焼畑あつみかぶ」の品質が高められます。また、山焼きで再造林の地拵え作業が不要となり、さらに初期下刈の省力化が図られます。

③播種と間引き及び草取り作業

播種つまり種まきは、山焼き終了後に燃え残った枝などを適当に集積して片付けた2～3日後に行います（写真3）。ただし、赤カブの種は1ha当たり1・5升程度の量を満遍なくまくことは至難であるため、種の10倍の乾燥砂と混合して動力散布機で均一に播種します。発芽は通常5日目頃から始まり、葉が混み合う9月中旬以降には握りこぶし程度の間隔で間引きを行い、必要があれば草取りも同時に実施し収穫までの成長を支えます。

④収穫と再造林作業

焼畑あつみかぶ（写真4）は、10月中旬頃になると8㎝程度に成長したものから順次収穫をはじめ、12月の降雪時まで続きます（写真5）。カブの収穫

写真４　無肥料・無農薬栽培
山育ちの伝統野菜「焼畑あつみかぶ」

写真５　かぶ収穫作業

写真６　スギ苗植付作業

写真７　焼畑栽培後に植付した造林地

出所：いずれも筆者撮影。

が残る11月末前後にかけ、常用の技能職員がスギのコンテナ苗を植え付け再造林（写真６）を行います。山焼きにより地表面における枝葉等の残物が燃えてなくなり、植付の作業能率は高まります。

こうして、現代に復活した新たな焼畑栽培の取り組みは３年目にあたる２０１８（平成30）年度から成果が表れました。他の焼畑では凶作の年もありましたが、主伐跡地での焼畑は収穫量・品質ともに概ね豊作で安定しています。地元の漬物屋等の需要や個人消費とともに関東・関西地方、遠くは九州の店舗等への販路開拓で「生かぶ」の安定供給に努めた結果、売上額は増高しました。狙いであった再造林等の経費への販売利益の充当が図られています（表２）。

資源の循環利用で付加価値の向上と地域貢献

以上が、温海町森林組合の、主伐跡地を一度限りの山焼きにより活用する「焼畑あつみかぶ」栽培の概要です。50年以上栄養を蓄えた土壌と焼畑効果で無肥

表２　主伐・再造林と「焼畑あつみかぶ」販売量の実績

区　　分	H28	H29	H30	R 1	R 2
主伐・再造林（ha）	6.85	9.89	11.22	11.96	13.37
うち、焼畑利用（ha）	1.00	1.04	0.94	1.21	1.07
収穫量（t）	7.74	9.45	13.98	23.32	16.72
1 ha 当たり収穫量（t）	7.74	9.10	14.87	19.27	15.63
売上金額（千円）	1,855	2,259	4,140	5,355	5,086

出所：筆者作成。

料・無農薬栽培が可能となったことで他の地域との差別化で付加価値が生まれるなど地域内の一部生産者の販売価格の押し上げに波及しました。さらに、主伐・再造林で未来の森づくりを行うという「資源の循環利用」というストーリーは、県内外の企業や個人の方々の共感を呼んでいます。毎年各方面の方が視察や研修、調査、研究、取材などで当地域を多くの人が訪れ（現在は、コロナ禍の状況によってはお断りしています）、交流人口の増加や温海の名声を高めるなど地域貢献につながっています。また、２０１７（平成29）年12月には東北農政局から山村地域の活性化等に向けた模範であるとして「ディスカバー農山漁村（むら）の宝」に認定を受けました。

近年の異常気象の影響が今後心配されますが、地球温暖化防止での二酸化炭素吸収源対策や国連が採択した「持続可能な開発目標」ＳＤＧｓなどで期待されている森林の多様な公益的機能の強化につながるよう、当組合の経営理念である「森林資源の新たな価値を創造し夢ある地域の未来づくりに貢献」に引き続き努めてまいります。

新潟県

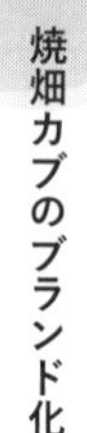

焼畑カブのブランド化

3 「灰の文化」が育む赤カブ栽培
――新潟県村上市　さんぽく山焼き赤かぶの会

こだわり工房 えん
板垣　喜美男

私たちの住む新潟県村上市山北(さんぽく)地区（旧山北町。以下「山北地区」という）は、新潟県の最北に、そして山形県との県境に位置しています。この県境には標高５５５メートルの「日本国」という珍しい名称の山があります。山北地区は農地が少なく、面積の約92%が山林です。昔から林業を生業（なりわい）として生計を立てる家が多く、農業と林業が深く関わりあっていました。

赤カブ（温海かぶ）栽培は、山北地区でさかんな林業と農業の融合によって生まれた伝統的な焼畑農法によるものです。山北地区と山形県鶴岡市温海地区は赤カブ栽培の最適地とされ、古くからさかんに栽培されてきました。山北地区の焼畑は、林業と密接な関係にあり、山林を所有する家では焼畑をしたい人に対しスギの伐採跡地を無償で貸し、借りた人たちは植林を手伝い、耕作中はそれぞれが借りた部分の下刈りをするという仕組みができていました。しかし、現在では再造林されることなく放置されている伐採跡地が多く見受けられます。

ちなみに私の所有する山林での焼畑は2006（平成18）年が最後となります。その面積は約6反歩（60a（アール））でスギを再造林し、現在、林齢が15年となり、1回目の枝打ち、除伐（育成を目的としない樹木を除去する作業）が終了したところです（写真1）。

古くから伝わる焼畑農法

私たちは、スギの伐採跡地を焼く伝統的な焼畑農法で赤カブを栽培しています。休耕田・畑・土手などを焼く「焼畑」ではなく、伐採跡地を焼くことを「山焼き」と呼び、今では全国的にも珍しくなっています。

写真1　スギ人工林（約90年生）の伐採跡地
面積は約7反歩（70 a）。林地内にはたくさんの残材・枝葉が残されています。
出所：筆者撮影。

山北地区の焼畑では、以前は再造林のための地拵えを主目的に山焼きをし、再びスギ苗を植え、スギが大きくなるまでの数年間、赤カブ、ダイコン、ゴボウ、ジャガイモ、アズキ、ソバなど多くの野菜を栽培していました。これは平地の少ない山間地域における知恵でした。

今では主に赤カブを栽培し、自家用にダイコンを栽培しています。赤カブは連作されることなく、毎年違うスギの伐採跡地で栽培されます。したがって、一度山焼きをしたところは次の伐採時期まで焼畑として利用されることはありませんでした。

このようにスギの伐採跡地で連作することなく、山焼きをして栽培した赤カブだけが本来の「新潟県村上市山北産　山焼きの赤か

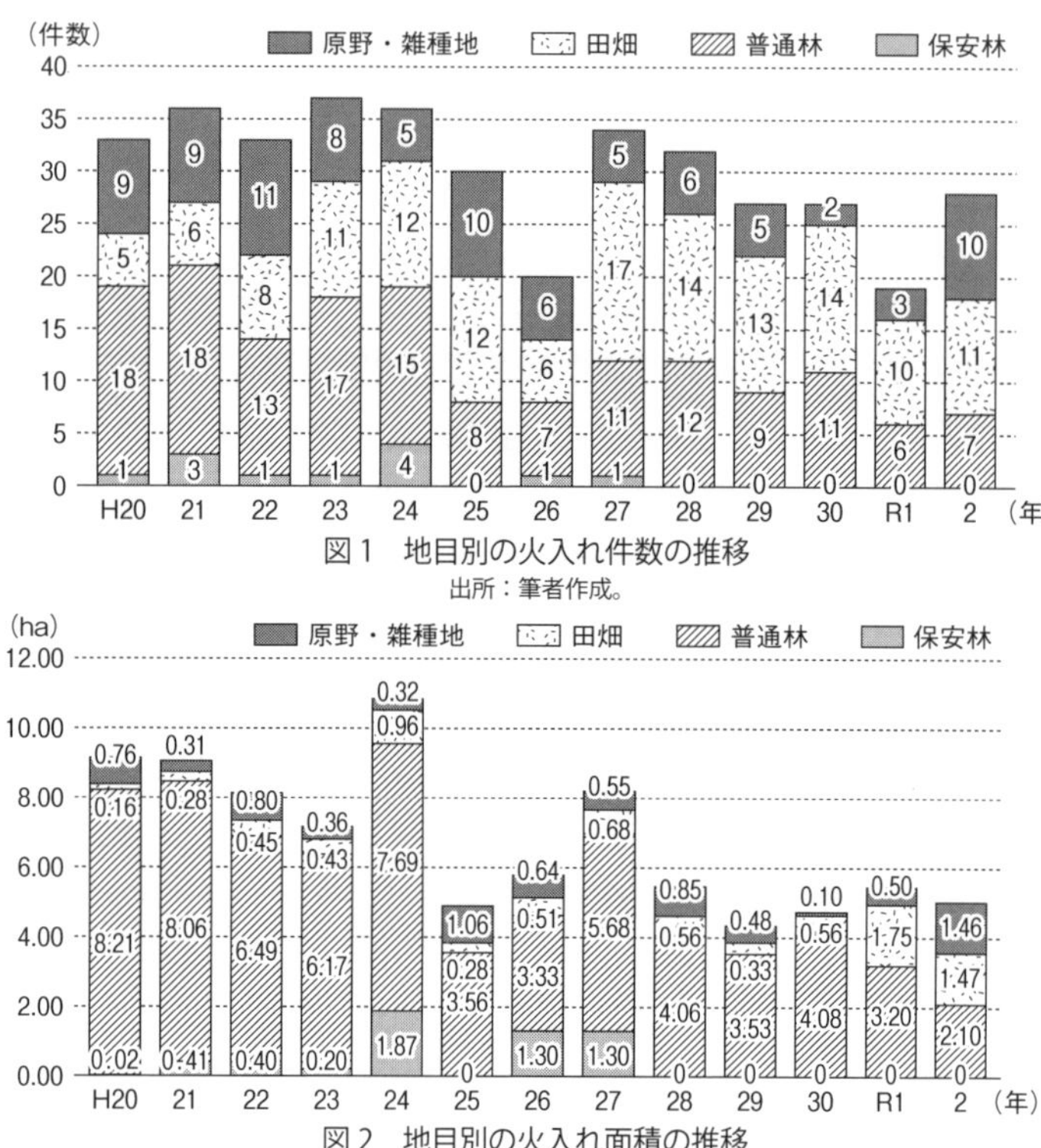

図１　地目別の火入れ件数の推移

出所：筆者作成。

図２　地目別の火入れ面積の推移

出所：筆者作成。

ぶ」だと自負しています。私たちは「焼畑の赤かぶ」ではなく、「山焼きの赤かぶ」として差別化を図り、加工販売しています。

村上市山北支所から頂いた火入れ申請書に関する資料によると次のような傾向が見られます。

最初に地目別の火入れ件数（図1）を見てみると、2008（平成20）年には総数で33件。うち山林が19件、山林以外（田畑、原野・雑種地）が14件で、山林が全体の58%を占めていました。

2020（令和2）年には総数で28件。うち山林が7件、山林以外が21件で、山林が全体の25%となっています。このように各年でばらつきはありますが、火入れの件数についても減少傾向にあり、さらに山林の割合が下がっています。

次に地目別の火入れ面積（図2）を見てみると、2008（平成20）年には総面積で9・15ha。うち山林が8・21ha、山林以外が0・92haで、山林が全体の90%を占めていました。2020（令和2）年には総面積で5・03ha。うち山林が2・1ha、山林以外が2・93haで、山林が全体の42%となっています。

このように各年でばらつきはありますが、火入れ面積についても減少し、さらに山林の割合が下がっています。

山焼きまでの作業

借りたスギの伐採跡地を山焼きするまでの準備に、2つの方法があります。共同での山焼きの準備作業である「ナギノ」をし、山焼きが終わった後で各人に山を分けて栽培する方法と、最初から山を分けてからそれぞれの場所を各人がナギノをし、全員で火入れをする方法です。私たちのグループでは前者の方法で山焼きをしています。この作業が炎天下での作業となり、赤カブ栽培のなかで一番大変な作業になります。

山焼きの前日には、枝葉が集中しているようなところを薄くし、防火帯となっているウワグロ、シタグロ及びタテグロの地面を出し、溝を掘り火が燃え広がらないようにします(1)。

火入れに関する条例

新潟県村上市には、全国的にも例の少ない、火入れに関する条例があります。村上市火入れに関する条

写真２　山焼き（火入れ）
午後６時頃に始め、午前３時半頃には終わりました。
出所：筆者撮影。

例（平成20年村上市条例第２２５号、章末の資料参照）の特徴は、第13条第２項ただし書に焼畑のための火入れについて例外規定を設けている点にあると思います。

この例外規定が設けられている大きな理由として、日中よりも夜中のほうが強い風が吹かないこと、そして、夜であれば火の動きがよくわかり、山焼きを安全に行うことができる点などが挙げられると思います（写真２）。

灰の文化

山北地区には灰の文化があると言われます。以前はどこの家でも薪を焚いていたので、灰は捨てられることなく、いろいろなところで使われていました。

山北地区で一月遅れの端午の節句の頃によく作られるチマキ（地元では「笹巻」と呼ばれています）は、雑木（ナラ、ケヤキなど）を燃やしてできた灰で作った「灰汁水」を使い、作られます。「灰汁水」は保存がきくので一升ビンに詰めて保管されます。

栃もちは山北地区でよく食べられる餅の一つです。栃の実はそのままでは苦くて食べられません。栃の実のあく抜きをするために灰が使われます。あく抜きをするわけではありませんが、イモもちにも栃もちのような風味を出すために灰が使われます。

写真３　一夜明けた焼畑
一面灰に覆われています。燃え残った大きな残材を共同で片付け、山を分けます。
出所：筆者撮影。

写真４　畑のように整えられた山
分けられたそれぞれの場所の燃え残りなどを片付け、畑のようにきれいにして、種をまきます。
出所：筆者撮影。

また、ワラビもそのままでは食べられず、重曹（タンサン）であく抜きする方が多くなりましたが、雑木を燃やした灰であく抜きをする方もたくさんいます。私のところでは、ケヤキだけを燃やして採った灰をワラビのあく抜き用に使っています。そして、コンニャクを作るときにも灰が使われます。

また、古代織の一つであるしな布（ふ）を作るときにも、シナの木の皮から繊維を取り出すために灰は重要な役目を担います。灰がたくさんあれば、肥料代わりに畑に撒くこともあります。もちろん赤カブ栽培においても、山を焼いた後の灰が肥料となっています（写真３）。

山焼きにより豊かな土壌をつくる

山焼きは毎年８月上旬、気温35度以上にもなる炎天下の中で行われます。山焼きの日は、天候・風向き等に細心の注意を払います。私たちは最初に火を入れる山の上に行き、お神酒を供え、山焼きを無事に終えられることを祈り、山焼き（火入れ）を始めます。万全を期して大勢の仲間たちで火の勢いをコントロールし、火の番をします。

昔は夜中に山焼きをしていましたが、現在は夕暮れ前から山焼きを始めます。徐々に火は山すその方に下がり、面積や地形にもよりますが約４〜10時間ぐらいで山全体が灰に覆われ、山焼きが終わります。

翌日、山焼きで燃え残ったものが多い場合には、それぞれ自分の畑の中央部分に集めて再度燃やしたりもします。これを「ノゾミ焼き」といいます。

山を焼くことにより、害虫の駆除ができ、灰には多くの栄養分が含まれています。

山焼きの赤カブの収穫まで

赤カブの収穫は9月末頃から始まり、雪が降り積もる12月まで行われます（写真5）。収穫までに適当な間引きをし、雑草が多く生えれば草取りもします。虫がついてもなるべく農薬は使わず、手でつぶしています。

写真５　赤かぶの収穫
９月末頃から始まり、雪が降り積もる 12 月上旬まで続きます。
出所：筆者撮影。

私が収穫した赤カブは生売用、漬物用そして自家用になりますが、その割合はおよそ4：4：2になります。それぞれの用途、注文に合わせて、日々収穫しています。最近、レストラン等からの注文もあり、葉付きのものも販売しています（写真6）。

翌年春には雪消えを待って、取り残した赤カブを収穫し、「春どり　越冬山焼きの赤かぶ漬け」として製造販売しています。１メートルを超える積雪の下で春を待ち続けたせいか、秋に収穫したものよりも辛みが和らぎ、甘みを感ずる漬物になります。

そして4月～5月には取り残した赤カブの黄色い花が山全体（焼畑）を覆い、そこから採取した小さな種を新しい山に蒔きます。

生産量の拡大についてよく聞かれます。しかしながら、山焼きにこだわった赤カブ栽培では立木の伐採終了時までは機械を使うことができますが、その後の作業はすべて手作業となり、現状では人手不足でなかなか作付け面積の拡大が図られない状況です。

㊤写真6　山焼きの赤かぶ
表面はきれいな赤紫色をしています。
㊦写真7　山焼きの赤かぶ漬け
右が丸漬け、左が切漬け。
出所：筆者撮影。

昔ながらの製法でつくる赤カブ漬け

私たちが昔ながらの山焼きにこだわって栽培した伝統野菜「赤かぶ」は、外は赤紫で中は真っ白です。ほかの赤カブと違い、酢を入れることによって全体に赤紫に染まります。

私のところでは、酢・砂糖・塩・焼酎を混ぜ合わせた漬け汁に漬ける方法ではなく、一度塩漬けにし、よく洗った後で酢・砂糖・焼酎を混ぜ合わせた漬け汁に漬ける「本漬け」という漬け方で漬けます。酢・砂糖・塩・焼酎のみの「無添加・無着色」で赤カブ漬けを作っています。歯ごたえのよさと辛みのあるのがこの赤カブ漬けの特徴です。それぞれの家庭で酢・砂糖・塩・焼酎の分量も多少違い、それぞれの家庭の味となっています。私は普通に市販されている穀物酢を使いますが、酢にこだわって漬けている方もたくさんおられます。山焼きの赤カブ漬けは、千切り漬け、スライス漬け、切り漬けそして丸漬けの4種類を作っています（写真7）。

地球温暖化による影響

伝統的な焼畑農法にも少なからず、地球温暖化の影響と思われることが起きています。

現在も山焼きは毎年8月上旬に行われています。夜露が多く落ちる奥地の山林では今も山焼きの翌日には種をまいていますが、私たちのところでは山焼きをした後でも気温の高い日が続くので、8月20日前後にまくことが多くなりました。さらに、赤カブは無農薬、無化学肥料で栽培されてきましたが、害虫の発生がみられるようになり、今は減農薬、減化学肥料で栽培しています。

ここ数年の間に山北地区でもイノシシが多く見かけられるようになりました。田畑では多くの被害が発生しています。焼畑をしている付近の山林にもあちらこちらにイノシシが掘った穴が多数見かけられますが、今のところ赤カブが食べられたり、いじられたりしている様子は見られません。しかし、焼畑への被害も時間の問題かもしれません。

立木価格の長期低迷による影響

山北地区の山林のほとんどは、民有林です。２０２１年3月頃、「ウッドショック」なる言葉が突如として聞こえてくるようになりました。これは木材価格の高騰・急騰を示す言葉ですが、木材流通の川上である山林所有者には今のところ無関係な現象のようです。

まだまだ続いている立木価格の長期低迷により、伐採面積は減少しましたが、反対に1か所当たりの伐採面積は拡大しました。これは、一定の収入を確保するために伐採面積を増やすためです。

また、国県市町村の補助事業の関係もあり、伐採方法も樹木をすべて伐採する皆伐が主流ではなく、森林の混み具合に応じて、樹木の一部を伐採し残った木の成長を促す間伐が主流となりました。このことにより山焼きをする場所を確保する上でも支障をきたしています。さらに枝や残材が薪などとして利用されなくなったため、林地内に多く残されるようになりました。

したがって、炎天下でのナギノがたいへんとなり、さらに火の勢いも強くなることからこれまで以上に防火対策を講じなければならなくなりました。

木材の集材方法もワイヤーロープを用いる架線集材が主流でしたが、今では林業用重機を用いる機械集材が中心となりました。機械が林地内を縦横無尽に走行すると土が踏み固められ、赤カブを栽培するのに適さない面積が多くなるので、山焼きをする場合には立木の伐採時から打ち合わせをしています。

山焼きと赤カブ栽培の今後

私たちが行う伝統的な焼畑農法による赤カブ栽培には、赤カブ栽培に適した林道及び作業道周辺のスギの伐採跡地の確保が必要不可欠なものとなります。

現在のところ、今後数年間は、スギの伐採跡地の確保が見込まれますが、その後の見込みは全く不透明です。そのためにも山北地区に数社しかなくなった素材業者（森林組合を含む）と今まで以上に連携を図り、赤カブ栽培に適したスギの伐採跡地を確保しなければなりません。

前述のとおり間伐が中心となり、皆伐が少なくなり、スギの伐採跡地の確保が容易でなくなってきていることから、今後はこれまで私たちが赤カブ栽培をしたスギの伐採跡地の中でいまだに植林されず、放置されている林地での赤カブ栽培についても検討しなければならない時期になってきていると思います。また、スギの枝葉などを勢いよく燃やすことにより、今の減農薬、減化学肥料での栽培が維持継続されていると考えていますが、放置されている伐採跡地を焼いての栽培については経験がないため、今後の課題となります。そのためにも、既に伐採跡地での数年おきの輪作に取り組まれている温海地区の栽培方法について調査研究をしたいと思います。

次に山北地区における人口減少、少子高齢化などによる後継者不足の課題もあります。山北地区には私たちのように山焼きをして赤カブ栽培をするグループが数グループあります。どのグループも私たち同様に、栽培適地の確保や後継者不足の問題を抱えていると思います。毎年、山焼きをする面積や伐採跡地の所有者などによりグループの構成員も多少変動しますが、今後はグループの統合や新たなグループの結成も視野に入れて、後継者の確保に早急に検討していかなければなりません。

木を育て、木を伐採し、山焼きをし、赤カブ栽培をし、スギやヒノキの針葉樹のみの植林ではなく、天然林に帰すところは帰し、再び木を育てるというこれまで先人が脈脈と築いてきた循環を崩すことなく、継続していきたいと思います。

注

（1）この作業は焼畑にする面積や枝葉の残り具合等にもよりますが、早ければ5月末頃から火入れをする8月上旬まで行われます。スギの伐採跡地に生えている草木を刈払いながら、スギの枝葉や草木などをよく乾燥させるため、残されたスギの枝葉の天地返しをします。また、燃えるものが一か所に集中しないよう、防火帯付近は薄く、中心部は厚くします。これは山全体をきれいに焼くための作業です。

参考資料1　村上市火入れに関する条例

（火入れの方法）

第13条　火入れは、風速、湿度等から延焼のおそれがない日を選び、できる限り小区画ごとに風下から行わなければならない。ただし、火入地が傾斜地であるときは、上方から下方に向かって行わなければならない。

2　火入れは、日の出後に着手し、日没までに終えなければならない。ただし、7月1日から8月31日までの間に法第21条第2項第4号に規定する焼畑のために火入れをする場合は、この限りでない。

参考資料2　森林法

（火入れ）

第21条　略

2　前項の市町村の長は、火入れをする目的が次の各号の一に該当する場合でなければ同項の許可をしてはならない。

（1）造林のための地ごしらえ

（2）開墾準備

（3）害虫駆除

（4）焼畑

（5）前各号に準ずる事項であって農林水産省令で定めるもの

3・4　略

6 村外者、移住者と焼畑実践

まえがき

この章では村外者や移住者、すなわち焼畑が継承されてきた地域の「外」からやってくる／きた人びとが中心となる取り組みにフォーカスします。焼畑というと、旧い歴史をもつ山間地に暮らす人びとが「伝統」を受け継ぎながら耕作しているもの、というイメージを抱いてしまいがちです。しかし、村外者や移住者が焼畑に取り組む場合、それらは地元住民による焼畑と比べて、どのような特徴をもつのでしょうか。

この章では2つの地域が登場します。ひとつは福井県中部の山間地に位置する福井市美山町での取り組みで、県内からメンバーが現場に通っています。もうひとつは熊本県球磨川の源流部である水上村での取り組みで、移住者がその中心となっています。

これらはいずれも生業としての焼畑ではありません。福井では「遊び」として、水上では「森づくり」という理念のもとで取り組まれています。ここで注目したいのは、いずれも単発的なイベントとして行われたものではなく、複数年にわたり継続している、ということです。本稿を執筆している2021年の時点で、水上では7年間、福井の取り組みにいたっては30年もの間、活動を続けています。それでは、外部者による取り組みが継続するには、どこに鍵があるのでしょうか。

二つに共通しているのは、焼畑実践の場が一般市民に広く開かれ、自由な雰囲気の中で仲間を受け入れようとしていることです。そして、グループをとりまとめる規則が比較的緩く、メンバーの参加が強制的ではないという点です。「できる人ができることをやる」というスタンスが、メンバーの自発性や主体性をうまく引き出し、無理のない継続的な関わりを導いているようです。もちろん、そこには楽しい局面だけではないはずです。とくに焼畑では、火入れという危険と隣合わせの作業を伴いますので、然るべき準備や心構えは欠かせません。それだからこそ、緩やかな規則でつながる集まりのなかにも、核となるメンバーのなかに自覚や責任感のような意識が芽生えるのかもしれません。

また、それぞれの活動に集う人びとの間では、焼畑に対して何かしらの魅力が共有されており、それが自発的な取り組みを支える前提となっています。それでは、焼畑の魅力とは、いったい何なのでしょうか。2つの取り組みでは、どうも焼畑の魅力は一言で語ることができないもののようです。焼畑のための林野伐開や火入れなど、折々の作業での身体あるいは五感を通した刺激と高揚感。焼畑で育った作物の味。焼畑そのものよりも、その前後に行われる収穫祭や直会(なおらい)などでの交流を楽しむ人もいます。水上では、焼畑という営み全体を通じた自然生態系や周辺地域とのつながりが大きな意味をもっています。あるいは、活動を長く継続するなかで、焼畑の見方が変わったり、地域やメンバーとの関わりが広がったりしていくプロセスが魅力となるのかもしれません。

これらの点が外部者による取り組みの特徴のようです。それらに思いを馳せてみれば、現代社会で取り組まれる「古くて新しい」焼畑の一面を見ることができそうです。

（増田和也）

6 村外者、移住者と焼畑実践

1 「遊び」で続けた30年
——福井市味見河内町　福井焼き畑の会

福井焼き畑の会
聞き手・構成：辻本侑生

福井の焼畑と赤カブ

本章では、福井焼き畑の会の活動について述べます。福井焼き畑の会は、焼畑と赤カブが好きで、楽しんで活動している団体です。

福井焼き畑の会が活動しているのは、福井県福井市（旧美山町）の味見河内（あじみこうち）というところです。そこで、焼畑で赤カブを作っています。味見河内は福井市の中心部から車で40分くらいの山奥にあります。この味見河内は山に囲まれているので平地が少なく、そのため焼畑が重要であったと言われています。赤カブの種をまくのは8月くらいですが、この時期には適度に夕立があるので、赤カブの栽培に適していると言われています。この集落の焼畑農業は８００年の歴史があり、平家の落ち武者が赤カブの種を村に持ち込んで伝えたと言われています。現在（２０２１年）この集落は17軒で、そのうち２軒ほどが今も焼畑で赤カブを作っています。

この赤カブは、味見河内の集落内でしか育ちません。隣の集落で同じように焼畑で栽培したとしても、全く同じものが作れないのです。山奥で栽培しているので、他の品種が混ざることがなく、長い年月をかけて味見河内の土地と種の相性が良くなったのではないかと言われています。地元では優良系統を残すため、「河内赤かぶら生産組合」が種を維持管理しており、焼畑の会でも必ず組合から種を購入しています。河内の赤カブは非常に鮮やかな紅色が特徴で、肉質が固く、風味は辛みがきついです。他人にあげると、好き嫌いがはっきりします。古漬けにする人も多く、長く漬けると辛みが抜けて甘みが出る一方で、歯ごたえは良い感じに残ります。

焼畑の作業については、一般的に男性にスポットが当たりがちですが、味見河内の焼畑を見ていると、女性の力も大きいと思います。大木を倒すのは男性が中心ですが、育った赤カブを急斜面の畑から集落まで下ろし、雪の降る中で赤カブを水で洗い、それを峠を越えた大野の朝市に出荷する作業は、女性がいなければ成り立ちませんでした。最近では、味見河内とその他の集落の婦人部が共同で赤カブを使ったケーキやクッキーをつくり、ちょっとしたイベントなどで売っていますが、これも女性の力です。福井焼き畑の会のメンバーも売り子として参加しています。

福井焼き畑の会の活動

1年の活動

福井焼き畑の会の1年間の活動ですが、まず7月中旬に焼畑を行う場所の草刈りを行います。その後、2週間くらい草木を乾かして、8月はじめごろに火入れをして、赤カブの種をまきます。そして、8月末ごろから草むしりと間引きをして、10月末から11月のはじめに最初の収穫をします。その収穫の前日に収穫前夜祭をしまして、集落の人への感謝の気持ちを込めてお呼びし、お酒を飲んで、交流を深めています。最初の収穫が終わってから、雪が積もって山に入れなくなるまでの期間、大きくなったものから順に収穫していきます。

　このほか、焼畑以外の活動としては、毎年5月5日に「じじぐれ祭り」という集落のお祭りがあり、この手伝いをしています。このお祭りは900年の歴史があると言われていて、ブナの若木を編んで「柴神輿」というのを作ります。この柴神輿を担いで集落を練り歩く素朴なお祭りです。このお祭りは、昔からほとんど形が変わらない珍しいお祭りで、福井県の無形民俗文化財に指定されています。

㊤写真1　じじぐれ祭りでの赤カブ製品の販売
㊦写真2　福井焼き畑の会20周年記念イベント
出所：福井焼き畑の会撮影。

20周年記念イベント

２０１１年に福井焼き畑の会は創立20周年を迎えたので、特別なイベントを実施しました。かつては年末になると、赤カブを大野の朝市に売りに行くために、赤カブを背負って味見河内を午前4時ごろ出発しました。女性なら40kg、男性なら60kgの重さを背負って峠を越えたのです。大野では赤カブの入った雑煮は正月料理に欠かせないので、味見河内の人にとっては赤カブ売りが現金収入源でした。子どもたちも赤カブ売りについていき、大野の町で飴玉やノートを買ってもらったそうです。当時のように赤カブを背負って大野へ運ぶことを「20周年記念にうちの会で1回やるぞ」ということで、実際に再現して映像も撮りました。情けないのですけども、福井焼き畑の会の山からは、このとき23kgしか採れなくて、この23kgの赤カブを会員4～5人で歩いて大野まで運びました。

活動が長年続く理由

福井焼き畑の会は2021年で結成30周年になります。もともとは「ふくい木と建築の会」の焼畑実習という企画が始まりでした。それで、味見河内の集落の土地を借り、集落の人の指導を受けて焼畑の作業を行いました。会長自身も「しんどいし、この1回で終わる」と思っていたそうです。集落の人たちも「福井の街中の人間が遊び半分で来たやろ、1年ぐらいでやめるやろ」と言っていたようです。けれども、この作業で焼畑に興味を持った人が2年目以降も活動を続け、現在に至っています。

福井焼き畑の会では、メンバーに作業への参加を強制することはありません。火入れだけに参加するとか、収穫前夜祭でお酒を飲むだけとか、すべて自由です。会の元となった団体は「ふくい木と建築の会」ですが、建築関係の人だけでなく、日本刀を作ってる人、それから逆に日本刀を研いでる人、郡上踊りで踊りまくってる人など、いろいろな人がいます。

周囲からは、福井焼き畑の会について「よう続いているな」などと言われることがあります。私たちも続いている理由を考えたこともないですが、ただ好きでやってきたことの結果だと思います。もちろん焼畑や赤カブの魅力もあると思いますが、やはり強制せず、自主性を重んじてきたことが大きいのではないでしょうか。少人数の活動でも、どうしても堅苦しいルールを作ってしまうこともありますが、福井焼き畑の会では規則や決まりは一切ありません。自主的に、楽しんで行動するというのが基本になっています。

私たちの活動に興味がある方は、収穫前夜祭においしいお酒とおつまみ（と会場に布団はないので寝袋）を持ってきてくれれば、大歓迎です。

今後の展望

かつて味見河内の焼畑は15年ほどの周期で行われたそうですが、スギの植林が進んだ結果、サイクルは5～6年程度まで短くなり、焼畑をする場所が減っています。さらに地元の農家にも後継ぎがいなくなっています。味見河内では過疎化と高齢化が進んでおり、住民の数よりイノシシが多いです。10年後というより、来年どうなっているんだ、という話が住民の間でされています。

しかし、暗い話ばかりではありません。一気に話のスケールが大きくなるようですが、国連では2019年～2028年を「家族農業の10年」と定め、食料の生産や豊かな生活の創出にあたり、家族で営まれる小規模な農業の意義を重視しています。味見河内のむらの方々も、それぞれの家族単位で焼畑を営んで赤カブを栽培し、大野の朝市で販売し、子どもたちの欲しいものなどを買うための資金としてきました。味見河内の焼畑は、こうした意味でも、国連のいう小規模な家族農業にまさに合致するものであると言えるでしょう。

現在、味見河内の集落の方々の多くは65歳以上の高齢者となっていますが、さまざまな試行錯誤をしながら焼畑を続けています。例えば、宮本博志さんは、お母様がかつて焼畑で赤カブを作っていた話を聞きつつも、ご自身で焼畑をしていたわけではありませんでした。けれどもある日、福井焼き畑の会の作業に誘われて参加し、収穫した赤カブを持ち帰ったところ、お母様が大変喜ばれ、「そんなに喜んでくれるなら自分でやってみよう」と思い、9年前からご自身で焼畑を始められています。

また、川北強さん・庸子さんご夫妻は、ご両親と同じように焼畑で赤カブを育ててきましたが、5年ほど前にソバ好きの知り合いから「焼畑でソバを栽培させてくれないか」と頼まれて、焼畑の一区画を提供しました。すると、焼畑でつくったソバは驚くほどおいしく、うわさを聞き付けたソバ好きの人が、今では県外からも焼畑の作業に参加するまでになっています。

長く河内赤かぶら生産組合の組合長を務めてこられた西川誠一さん・郁子さんご夫妻は、近年は焼畑ではなく、平地の常畑のみで赤カブを作っていらっしゃいます。ただ、今まで何十年も焼畑で赤カブをつくり、また秋になると多くの人から「焼畑の赤カブが欲しい」と言われてきたことから、やはり焼畑には強い思いがあります。ここ数年はご体調の関係から焼畑は実施されていませんが、体調さえ許せば焼畑でもう一度赤カブを作ろうと、山に入り、火入れに適した場所を確認されることもあるといいます。

福井焼き畑の会は、味見河内で焼畑を残していくことを目的として活動している会ではありませんが、味見河内の集落の方々のご教示やご理解があってこそ活動できています。会員は、赤カブの味が好きな人、焼畑の作業が好きな人、飲み会が好きな人など、活動の何が好きなのかは人によってさまざまですが、だからこそ「遊び」で30年続いてきた団体です。今後も、味見河内の集落の方々とともに、活動していきたいと考えています。

※ 本章は、過去の焼畑フォーラム等での山口高宏さんと森下三代さんの報告をもとにしつつ、福井焼き畑の会事務局長の北倉武徳さんとの議論、および、2021年8月に味見河内の皆様へ実施したインタビューを踏まえ、同会会員でもある辻本侑生が編集したものです。

村外者・移住者と焼畑実践

2 7世代先の森づくり
——熊本県水上村　水上焼畑の会

水上焼畑の会
平山　俊臣

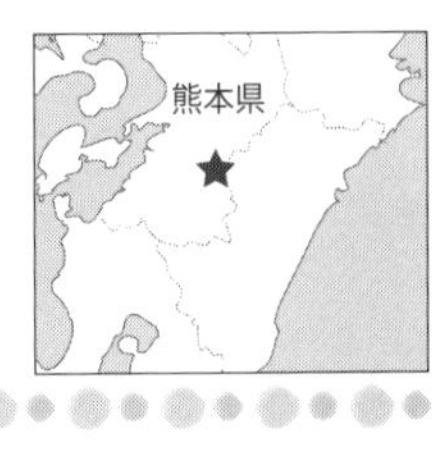

はじめまして

2015年に発足した、水上(みずかみ)焼畑の会と申します。熊本県の山間地域、球磨川の源流部で、焼畑と植樹活動を行っている団体です。現在までに、7回の焼畑を行いました。

私たちの焼畑は、秋冬作物のソバやダイコンを育てた後、翌春には木を植えます。耕作放棄地を、命あふれる森に還していこうという取り組みなのです。

より気持ちの良い地球となりますように。どうぞよろしくお願い致します。

誕生のキッカケ

2011年に夫婦で移住した水上村は椎葉村の隣村でした。縁とタイミングによって椎葉の焼畑体験に参加できたのは、2012年のこと。初の焼畑体験では、山の知恵、実力、暮らし、生きざまに触れて、終日興奮気味に。大いに刺激を受けました。翌年以降、仲間と共に椎葉の焼畑に参加するようになります。交流が生まれ、繋がりも広がり、2015年に、移住者の有志で始めることとなりました。

実際に焼畑ができる土地が用意できたこと、有志が集まったこと、椎葉の先輩の応援&現地指導があったことなど、環境が整い、会が誕生しました。始めるにあたっては、椎葉の先輩から、何代にもわたって繋いできたであろう大事な種を、分けていただきました。とてもありがたかったです。椎葉の焼畑が飛び火したかたちで、水上焼畑の会が誕生したのでした。

会のメンバー

会のメンバーは不特定多数、職業、年齢、出身地もバラバラ、できる人ができる時にできることをというスタンスで、無理のないよう力を出し合い活動しています。遠くは球磨川下流の、八代海、不知火(しらぬい)海沿岸からも海の仲間が山に駆けつけてくれ、山から海の繋がりも少しずつ増えてきました。活動を応援、支援してくださる遠方の方々も多く、励みとなっています。

メンバーは随時募集中、入会金も年会費もありませんが、報酬も一切ありません。皆、善意のみで参加され、毎度集まる顔ぶれに会うのが楽しみの一つとなっています。

会の取り組み

「多くの命を育む豊かな森を、次世代に繋げるための活動」を規約に掲げ、活動が始まりました。主な活動内容は、焼畑・植樹・管理作業（下草刈り）・収穫感謝祭（蕎麦打ち&焼畑蕎麦のふるまい）・イベント出店・ボランティア活動等です。最近の変わりダネ活動としては、熊本県水俣での仏舎利塔再建の活動協力や、球磨人吉の水害によるボランティア活動&災害支援&炊き出し（蕎麦のふるまい）などがありました。上流域の山間部から、下流域の海までと、活動の範囲は球磨川の流域圏にまで広がり、いろいろな方々がそれぞれの立場で活動に関わってくださっています。

山、川、海へと繋がる「焼畑」と、未来へ繋がる「森づくり」、どちらも魅力的な取り組みです。活動の輪が広がるよう願っています。

フェイスブック「水上焼畑の会」アカウントにて、会の活動の様子がご覧いただけます。よろしければ、時間のある時にご覧いただければ幸いです。

私たちの焼畑について

毎年30人前後の方々が集まり、焼畑をしています。時期は、8月中旬くらい。天候によって火入れの日程が左右されるため、なかなか予定通りにはいきません。規模は、毎年1・0～1・5反（2021年は0・2～0・3反）。圃場は、栗畑や田畑の耕作放棄地（緩斜面）で、栽培作物は、ソバ、ダイコンなどです。ソバは、活動を支えていただくための商品として販売され、売り上げのすべてを活動資金とさせていただいています。

どなたでも参加、見学していただけます。皆で火をおこして、火入れしています。テント、ティピなどを持ち込み、キャンプインして参加される方もいらっしゃいます。活動協力していただいた方々や、自然への感謝の気持ちとして、毎年2月初旬に収穫感謝祭をしています。メンバーや希望者が蕎麦を打ち、皆でいただきます。太さも長さも皆、個性的ですが、味は格別です。これが一番の楽しみという方もいらっしゃるようです。

植樹——7世代先の森づくり

「自分の行いが、7世代先にどう影響するかを考えた上で、判断する、物事を決める、行動する」という考え方は、アメリカの先住民、インディアンのものだそうです。彼らとの交流がある、水上焼畑の会代表を経由して、会でシェアされました。この流れをくむようなかたちとなって、会代表が森づくりを宣言、皆で始めることとなりました。

篠竹やカヤに覆われ、鹿や猪のパラダイスと化している広大な栗畑の放棄地。その耕作放棄地に火を入れ、命溢れる森に還していこうという取り組みをしています。現在は広葉樹を中心に、毎年100～150本前後を春先に植樹し、下草刈りなどの管理活動を定期的に行っています。

年に数回行う下草刈り作業は、植樹した木が竹や草に覆われてしまわぬための大事な作業。できる人ができる時にできることをというスタンスで、無理のないよう力を出し合い活動しています。年々、管理する面積が広がる一方で、参加者数は変わらず、最近は作業が遅れ、草ボーボー気味。植樹の間隔や樹種選び、植える苗木の大きさや本数、時期などを年々見直し、管理作業の軽減につなげようと、試行錯誤中です。

未来へ

今ある自然環境は先人が残してくれたもの。次世代に、少しでも良い状態で繋げたいところです。何より大事な仕事だとも思えます。森羅万象への感謝のおまつりとも、「動の祈り」ともいえる焼畑。焼畑というメッセージと共に、活動の環が少しでも広がり、より調和した世界へと繋がっていきますように。

写真１　刈り払い作業

写真２　火入れ

写真３　火入れ直後

写真４　作物の栽培

㊧㊤写真５　植樹風景

出所：筆者撮影。

7 教育・研究と焼畑実践

まえがき

近年復活した焼畑の特徴の一つに、焼畑研究に携わる大学教員が地域に入り、自らも焼畑を営むようになったことが挙げられます。本章で紹介する高知県仁淀川町及び島根県奥出雲町の焼畑や、第3部で紹介する滋賀県余呉町の焼畑は、いずれも焼畑実践に大学が深く関わっている事例です。

仁淀川町では、愛媛大学の山口さんが学生団体「焼畑の会」の顧問となり、大学演習林での焼畑を経て実践の場を仁淀川町に移し、地域の方々と焼畑を行ってきました。焼畑に加え、春の山菜ツアーや冬のメープルシロップ作りなど、森の恵みを活かした「山おこし」に取り組んでいます。

奥出雲町では焼畑が途絶えて久しく、地域の焼畑を再現できる人がいないため、高齢の方への聞き書きから出発しています。かつての焼畑の姿を追い求める過程で「森と畑と牛と」というグループの面代さんと島根大学の小池さんが出会い、牧場の未開拓放牧地を活用した竹の焼畑に取り組んでいます。

いずれの地域でも多くの学生が現場を支える力になっており、大学の関わる焼畑の特徴といえます。若者の参加は伐採・火入れ・収穫等に必要なマンパワーを確保する意味もありますが、それだけではありません。山口さんは、焼畑に関わる一連の「文化」の若者への継承のため、収穫後などに行われる地域の方々との交流会の重要性を指摘し、交流が深まることで新たな取り組みのきっかけが生まれたことも述べています。過疎化や高齢化が進行する中山間地域に若者が足を運んで交流を重ねることは、地域に活力を生み出す原動力にもなっているように思います。多くの学生は卒業と共に現場を離れますが、卒業後も頻繁に顔を出してくれる卒業生もおり、若者参加の観点からは大学は恵まれた環境にあるといえます。

学生の実践的な研究や教育の場としても焼畑は活用されています。愛媛大学では卒業研究などの一環で大学演習林での実験焼畑が行われ、土壌や作物に関する研究成果が報告書にまとめられています。第1部でも述べましたが、日本の焼畑は農学や生態学分野のデータが少なく、これらのデータを蓄積していく上でも学生の研究は重要です。余呉町の焼畑の農学的・生態学的研究にも、学生が大きく寄与しています。また、愛媛大学や島根大学では、焼畑に興味・関心を持った学生達の勉強会や公開ゼミなどでの学びを経て焼畑実践に臨んでいます。化学肥料や農薬なしでもおいしい焼畑作物がつくれることや、休閑期に植生が旺盛に回復することなど、教室で学んだ知識を現場で目の当たりにすることは、焼畑のマイナスイメージを払拭する上でも非常に有効なように思います。

小池さんは、座学で学んだ先人達の研究成果を原点とし、それを踏まえた上で、自らが実践している焼畑の姿と対比してものを考えることの重要性を指摘し、自身も先達の成果を踏まえながら焼畑作物の新たな混栽案を提案しています。温故知新のプロセスを経て、現代の実情に応じた新たな焼畑の手法を現場で紡ぎ出すことが大切で、若者ならではの新鮮で柔軟な発想も焼畑の未来を切り拓く力になると思います。そのような情報を広く発信していくことも、大学が果たすべき役割のひとつといえるでしょう。

（鈴木玲治）

教育・研究と焼畑実践

1 焼畑は山おこし・村おこし
――高知県吾川郡仁淀川町

林間園芸研究センター主宰（元愛媛大学焼畑の会顧問）
山口　聡

人々が暮らしていくためには

私たちのはるか昔の暮らしを想像してみましょう。電気もガソリンも、ガスもなく、どのようにして生きていけばよかったのでしょう。自然の恵みを受け取り、まずはその素材をそのまま、口にして食べ物としての利用を始めたと考えられます。水金地火木、自然の構成要素ですが、これらは、雨とか川とかの水は天気次第、私たちはなかなか自由には作り出せません。金属も原始的な暮らしでは加工もできないものです。大地も容易には自由に使いこなせません。崖崩れ、土砂崩れは受け入れるしかなかったことでしょう。樹木も自由には育てることはできず自然の成り行きに任せているしかなかったことでしょう。唯一、火だけは、私たちの先祖の人たちは自由に作り出せる術を見つけ出したのです。自然界の構成要素の中で、私たちが思うように扱えるものの一番大きな存在が「火」だったのです。火があれば、寒い季節には「暖」を取ることができます。また、食べ物も焼いたり、煮たり、いろいろな加工を施して、食べやすくすることができます。また、乾燥に使えば、保存加工にも利用できます。大きな獣も寄せつけなくできます。そして、草原とか森林を焼き払って、土地を開くこともできます。鳥とか獣を森や林から追い立てて、狩りをすることもできます。火を放った後に、植物が旺盛な生育をすること、特定の植物が一斉に群生することで、利用しやすくなることなどを経験的に学んでいたことだと思います。そして、ついには意図的に野や山に火を放って、自分たちの暮らしに役立てるようになったはずです。新しく、生活の基盤となる区域を、火を使えば作り出せるのです。生業としての、焼畑の始まりです。特に、樹木が鬱蒼と茂っている照葉樹林帯では、火を使った「伐採」が有効なのです。

焼畑活動への取り組みの始まり

私の勤務していた愛媛大学の農学部には林学系の講座がいくつかありました。林学の村尾行一教授の「緑のコンビナート」論に刺激されて、実際に「焼畑」をしてみたいと動き出した学生さんがいて、粘り強い行動を起こし、まず、外部で有機農法を実施している「わら一本の革命家」として有名な福岡正信氏を講師として、講演会を仕掛けました。そこで、自然に優しい農業の基本としての「焼畑」の勉強会を組織、学部当局にも働きかけ、演習林を使っての焼畑の勉強会、学生団体としての「焼畑の会」へと発展させたのです。大学の演習林に関係する教職員の好意あふれる対応で、焼畑を実際に行ってきちんとした調査研究をするプロジェクトを立ち上げ、教育研究の一環として実施することになり、学生は林学の実習の一部、さらには卒業研究、大学院の修論研究として参加することになりました。ちょうどこの時に焼畑の会の顧問をされていた村尾教授の定年の年となり、照葉樹林文化の研究の経歴のあった私が顧問の責を継ぎました。国立大学の演習林を使って大規模に焼畑を実験するという試みは、おそらく全国でも初めてのことだったと

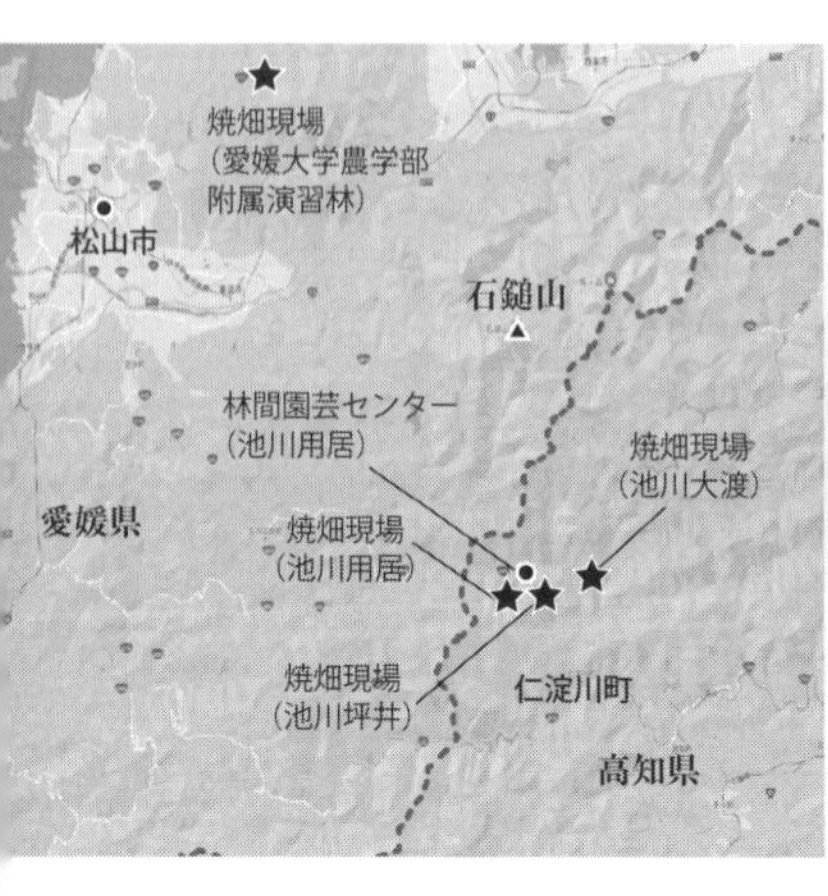

㊤写真１　愛大農学部演習林内での焼畑の火入れ
出所：筆者撮影。

㊧図１　活動場所の地図
出所：Google マップ。

思います（図1、写真1）。技官の方たちは地域で育った方ばかりで子供の頃には実際に焼畑を経験されている方もいて、実義的な指導にお世話になりました。一応、研究としての焼畑ですので、いろいろな測定器具を動員して、焼畑前後の環境条件の測定、実際の作物の栽培記録など、参加した焼畑の会の学生たちは大変な努力をしました。おかげで、この後3年間、3回の焼畑の記録について愛媛大学農学部の演習林研究報告に発表するまでになりました。中心となる結論ですが、火入れをすると、土壌の透水係数は深さ5センチから10センチ区で増加し、土壌の流亡量は少なくなり、また、土壌表面のpHは火入れ直後には高くなり、火入れ区での野菜の種子発芽開始は対照区よりも遅くなり、発芽揃いは優れていました。科学的なデータを集めてきちんとした論文として取りまとめることは、学生たちにとっては大変貴重な学習になりました。実際に焼畑で栽培したホウレンソウは地元のスーパーで試験的に販売していただいたところ、甘みが強くて、しかも柔らかな食感があり、好評であっという間に完売になりました。

その後、新たな焼畑適地が演習林内に見つからず、外部への焼畑活動を模索することになりました（表1）。

表1　愛媛大学農学部附属演習林／高知県仁淀川町での焼畑実践の記録

実施年	実施場所	実施の主体	状況
19980312	愛大農学部演習林	愛媛大学焼畑の会	不作
19990503	愛大農学部演習林	愛媛大学焼畑の会	豊作
20000306	愛大農学部演習林	愛媛大学焼畑の会	大豊作
20050719	仁淀川町池川坪井	山興しの会／愛媛大学焼畑の会	豊作
20060531	仁淀川町池川坪井	山興しの会／愛媛大学焼畑の会	豊作
20070512	仁淀川町池川用居（キワダ）	山興しの会／愛媛大学焼畑の会	豊作
20080601	仁淀川町池川用居（キワダ）	山興しの会／愛媛大学焼畑の会	豊作
2009	仁淀川町池川用居（キワダ）	山興しの会／愛媛大学焼畑の会	旱魃のため不作（ツユクサ日照り）
2010~2013	この間、焼畑計画なし		
20140731	仁淀川町池川用居（キワダ）	仁淀川の゛緑と清流〞を再生する会／林間園芸研究センター	豊作
20150803	仁淀川町池川用居（キワダ）	仁淀川の゛緑と清流〞を再生する会／林間園芸研究センター	鳥獣害で不作
20160805	仁淀川町池川大渡	仁淀川の゛緑と清流〞を再生する会／林間園芸研究センター	防鳥ネットの崩落で不作
2017	仁淀川町池川用居（キワダ）	仁淀川の゛緑と清流〞を再生する会／林間園芸研究センター	台風のため中止／作付けなし
20180804	仁淀川町池川用居（キワダ）	仁淀川の゛緑と清流〞を再生する会／林間園芸研究センター	台風の強風で完全に倒伏／収穫皆無
20190806	仁淀川町池川用居（キワダ）	仁淀川の゛緑と清流〞を再生する会／林間園芸研究センター	旱魃のため収穫極少量／製粉してわずか10グラム
20200803	仁淀川町池川用居（キワダ）	仁淀川の゛緑と清流〞を再生する会／林間園芸研究センター	コロナ感染拡大時期のため焼畑規模を縮小して実施／収穫あり／調整して、磨いた後の重量／720グラム
202108	仁淀川町池川用居（キワダ）	仁淀川の゛緑と清流〞を再生する会／林間園芸研究センター	コロナ感染拡大時期のため焼畑作業中止

出所：筆者作成。
注　：実施年における年月日は、火入れ日をあらわす。

地域おこしとしての焼畑活動への参加

大学の敷地内での焼畑実践が難しくなり出したころ、近接の市町村での森林関係者から、伐採跡地での焼畑の取り組みの提案などもあり、対応し始めたのですが、基本的には伐採跡地の「片付け」的な思惑もあったりで、私たちの考えている「自然との調和」を眼目にした焼畑の実践の場が簡単には見つからずに困っていました。そこに、高知県側の池川町で活動を始めようとしていた「山興しの会」という団体からの参加要請があり、県境を超えて池川町（現在は統合された結果、仁淀川町池川）まで、活動の場を広げることになりました。山興しの会は、もともとは林間放牧といって、山間地での放牧主体の畜産を実践しようとして活動を始めた団体でした。放牧地に近接する林地での焼畑を始めようということで、私たちの焼畑の会に参加を求めたということになります。

池川での山おこし活動

池川での焼畑の現場は標高のいくらか高い、林道沿いの放棄された桑畑でした。段々畑状になっていて、作業はしやすい場所でした。森林救援隊の加勢もあり、西日本科学技術研究所のリーダーシップのもと、学生が大勢参加して、伐開作業、下草刈り、火入れ、種子まき、収穫、そして、最後の調理加工までを行いました。当初は、ナタネ梅雨の前までに伐開を済ませ、春焼きで取り組むことにしていました。問題は主力となる学生の卒業、つまり、新旧の入れ替わりの時期と重なっていて、作業の経験の受け継ぎなどに不都合なことがありました。また、3月、4月は平地とは違って山の上は寒さが厳しく、降雪に見舞われ

写真２　武村さんを囲んでの団欒風景
焼畑作業時に宿泊させていただいた武村さん
出所：筆者撮影。

写真３　火入れをする中内さん
出所：筆者撮影。

て現場作業が予定通りには進まない問題がありました。大学のある松山から現場まで、車では3時間近くかかります。また、平地と現場との高度差がかなりあり、天候の状態も平地からはなかなかわかりづらく、集合してみたら、現地は悪天候だったということが度々あり、何度となく無駄足を踏んでしまいました。現地の住民の方でも、山の上の現場の天候は予想できず、予定通りには進まないことが何回となくありました。

現地の近くにお住まいの方のご自宅に学生たちは合宿させていただき、昔の暮らしなどの話を伺ったり、山の上での生活の一端を体験させてもらったりと、学外授業としては大変に素晴らしい成果となりました（写真2）。実際の焼畑作業の始まりは、「火入れ」からですが、ここでは、焼畑の村として有名になっていた隣接する「椿山」地区の古老の中内さんが焼畑火入れの儀式をとりしきってくれました。祝詞をあげ、供物をささげ、そして火を入れて、火を広げていくことになりました（写真3）。ここでは、地元在来のダイズ、アズキ、トウモロコシ、アワ、カブ、そしてソバなどを播種、その後にトチノキ、ソヨゴ、コナラ、クヌギなどの樹木を定植しました。この場所で2回ほど焼畑を実施したのち、別の場所での焼畑に取り掛かりました。作付けは在来の作物主体での取り組みを続けました。この頃になると、作業の主体は愛媛大の学生ばかりとなり、高齢化の進

写真４　収穫風景。アワ、品種は霜担ぎ
出所：筆者撮影。

写真５　収穫祭に備えてソバの粉挽き
出所：筆者撮影。

む過疎地での焼畑の継続はかなり難しいことが実感できるようになりました。ただ、現地の皆様からの経験談を聞いて伝統的な焼畑の意味などを知るためにも作業の後の交流会、とくに収穫後の打ち上げの交流会は、収穫物の調整、加工、調理、そして飲食までの一連の「文化」を受け継ぐためには大変に重要でした。ソバを臼で手回しで引いて、自分たちで捏ねて、手打ちそばを食べてみると、本当に焼畑の作物の味の深さが実感できるのでした（写真４、５）。

焼畑も毎年順調に進行するわけではなく、収穫が皆無の時もありました。火入れの後に、異常気象で雨が全く降らない年は、日照りで作物が育たず、乾燥に強いツユクサの仲間が一面に蔓延っていました。ツユクサ日照り、と言ってました。その年の気象、その時期の天候を読む、観天望気の下地が、どれほど重要なことなのか、生活の基本を揺るがすほどの大切な経験の積み重ねなのか、現地にいない、通いの焼畑作業人では、なかなか難しいことが多いことを学びました。

このような経験から次第に地域の皆様との交流が深まり、いろいろと新しい取り組みを進めるきっかけも生まれてきました。

研究面では在来の赤カブ、田村カブの来歴について細かな調査ができました。池川で栽培されている在来の赤カブは、隣接する田村地区の在来の赤カブと同じと思っていました。田村カブは何軒かの農家がそれぞれ独自に種子取りを継続して保存しているものですが、各農家ごとに形質にちがいがありました。ただ、全ての保存系統は農家が異なっていても、その種皮型（カブの種子の外皮、つまり種皮には吸水時の形態変化の違いから2つのタイプが知られていて、それぞれ和種系、洋種系と呼ばれ、品種・系統の遺伝的分別に用いられている）は和種系で、西日本に優占しているものでした。したがって、この地域への導入は基本的には中国大陸からの移入であるものと推定されました。従前の報告にある、東日本の在来のカブに多い洋種系の種皮タイプではなかったのです。シベリアからの伝来とはいえないことになりました。

新しい取り組みへの胎動

池川での取り組みが進み出した頃に、山興しの会の活動が停滞してきました。また、筆者も東京への異動があって、4年間、焼畑が行えない状況となりました。その間に池川地区の環境保全、地域おこしのために活動を続けていた、「仁淀川の「緑と清流」を再生する会」の皆様との共同作業での焼畑再開が進み、現在まで継続しています。再開してからの焼畑は、農作物の生産としては大変厳しいことがたくさんありました。まず、参加する現役の学生が確保できなくなりました。力仕事の担い手が十分には確保できなくなりました。また、地域の参加者の方の高齢化が進み、今までのような広い面積の焼畑作業が困難な状況となりました。そのため、栽培する品目をソバ主体としました。場合によって、在来の赤カブを植え付ける程度としました。栽培のための面積も今までの10a（アール）から、減らして、3〜5a程度としました。また、火入れも春作から夏作へとシフトして、梅雨明け後、そして、まだ夕立などの期待できる8月上旬を基本としました。これですと、秋に収穫して、しばらくして収穫祭という地域の方々との交流会ができます。春の火入れをしない代わりに、森をモリモリ食べるという趣旨で、春の山菜ツアーを組み込みました。焼畑の現場はパイオニア・プランツ（先駆植物）に区分される草木が生えてきます。ここでは、代表的なタラの木がたくさん生えていますので、タラの芽の天ぷら大会になります。また、清流の綺麗さで有名な地域ですので、川の恵み、鮎の塩焼きなども楽しめます。秋には、当然、みんなで手打ちそばを楽しめます。地域の人にも声をかけて、大勢で楽しい交流会になります。まさに、森は全てを与えてくれるのです。食べるものだけでありません。人と人との繋がりが生まれるのです。昔からの「結（ゆい）」の良いところが続いていくきっかけになります。

最近になって、冬場の活動として、メープルシロップ作りを試行しています。カエデの木が森にはたくさんあるので、冬場に少しだけ頑張れば、みんなで楽しく、おいしく、ホットケーキを焼いて、森の恵みのメープルシロップをかけて、交流会が開けます。森は本当に「緑のコンビナート」なのです。「森は全てを与えてくれる」のです。地域の自然環境は、悠久の資源なのです。上手に付き合う術を知っている私たちは、本当に幸せです。

教育・研究と焼畑実践

2 焼畑再生という試みのちいさな幾きれか
——島根県仁多郡奥出雲町

森と畑と牛と
面代 真樹

ここでやっているのは「竹の焼畑」です。竹の山に人は見向きもしません。価値は地に落ち、荒廃竹林とも呼ばれます。荒地です。ただ、荒地とはチャンスの別名でもあります。焼畑は切り札となり、「この土地でもっとよいものをつくれ」とほのめかしているのです。その誘いにのって、火を入れて畑にして、牛が草をはみ、森がよみがえってくる。30年、50年とつづけ、生まれてくる風景を夢見ます。ここでの焼畑そのものは七転八起なのですが、おもしろさだけは格別。だから、あなたもやってみませんかとすすめたい一心で書いてみます。

まずは簡単な紹介から。ここは島根県仁多郡奥出雲町佐白。斐伊川の中流域にあたり、標高300m〜400mほどのなだらかな山の谷間に小さな田畑と民家が散らばっています。そのはずれにダムの見える牧場と名づけられた放牧酪農をしているところがあります。焼畑をしているのは牧場の未開拓放牧地です。また、2012年に竣工した尾原ダムの建設残土処理場跡でもあります。かつて山方と呼ばれた集落があり、谷ぞいに棚田が開けていた土地です。数十年前に家々は移転し、いまここに住んでいる人はいません。まわりにあった集落も同様です。どこも例外なく焼畑の慣行があった土地で、最後までつくられていたのは、カブやダイコンですが、明治初頭に遡れば、ヒエ、アワ、オオムギの焼畑栽培もありました。

江戸時代の検地帳などからも周辺地域にひろく行われていたことがうかがわれますが、焼畑で有名な土地ではありません。日本のどこにでもあった焼畑がここにもあったということ、昭和30年代にほぼその火が消えてしまっているということ。これが何を意味しているかといえば、記録や記憶に残るものはあっても、「再現できる」という人がどこにもいないということです。

焼畑が完全に消えてしまった土地ではじめるには

焼畑といえば火入れに注目しがちですが、肝心なのは山のどこを開いて、何をどの順番でつくり、どのように調製保存しながら食すか――というような全体像です。農地管理と森への戻し方も大事なことで、自然に放置しても復元がうまくいかない場合もあります。植樹する、もう一度火を入れるなど、地形や土質や周辺植生によって手法はさまざまです。それら多くの手がかりはまったくもって闇の中でした。

ただ、追い続けていれば、あるとき、ひょっこり手がかりが現れるもので、そうした発見にときめくのも焼畑のおもしろさです。

私たちは焼畑をしなくても生活はできます。知りたいのは、焼畑なしでは生活がなりたたなかった、この地方でかつて本当にそこで生きていた人たちの暮らしです。200年ほど時を遡ってみましょう。途方もない昔ではありません。江戸時代も天保から嘉永の年代に入れば、もう現代と地続きです。山の姿も凄まじいまでに変わっていきますが、そのなかでも焼畑はかたちをかえて続いています。奥出雲でいえば、山の産業利用の形態として、クワ（桑）、モクロウ（木蝋）、コウゾ（楮）、ミツマタ（三椏）の採取栽培、砂鉄採取と製鉄、柴薪採取と炭焼、放牧、採草……、それらの中での焼畑がどんなものであったか、焼く土地の場所、広さ、作物の種類、食料生産にしめる位置、栽培方法、技術、それらとかかわる住まいの構造や機能、交易、儀礼など……どこで何が変わり、失われ、代替されていったのか。一つひとつあたっていきます。水田稲作の変化も大きなことです。品種も脱穀も調製も苗のつくり方植え方、それらは焼畑の変化とも深く関わっていると思われます。

手がかりのひとつは聞き書きです。お年寄りに昔の話を聞くのですが、おばあさんのそのまたおばあさんが、そのおじいさんからこんな話を聞いたということがあると、200年ばかり前のことが、その場でいきいきと語られることもあります。単なる事実ではなく、その時代に生きた人の顔が見えてきます。

紙やフィルムに残っている資料も手がかりです。昭和一桁年代の地図をひろげて、当時の植生や土地をどう利用していたのか、焼畑をどこでしていたのか、推理をめぐらせてみます。国土地理院が測量のために撮影した航空写真も、昭和40年代になると解像度もあがってくるので、それらとも組み合わせてみます。

焼畑についてのまとまった論考があればよいですが、ほとんどの地域ではないか、断片的なものが大半です。出雲地方の場合、畑作民俗を蒐集していた白石昭臣が、水田稲作と併存する竹の焼畑（竹といっても女竹や根曲がり竹など大型の笹が主）についていくつかの論考を残しているのが手がかりのはじめでした。

ただ、イメージや言葉は人によって指示対象そのものが変わることもあります。先の竹の焼畑も、竹といえば孟宗竹（モウソウチク）、焼畑といえば水田ができないところでやるもの、という観念が先行すると話があいません。

実際幾度もあり、仕方のない面もありますが、地形や植物など地域の古い呼称を調べておくと役に立ちます。奥出雲で焼畑で伐開する林縁部に多くあったであろうガマズミもそうでした。地方名が「カメンガラ」だと知ってから、あぁあれね、子どもの頃はよく採って食べてたわ、というふうに話が通じるようになったのです。まずは、諸国産物帳や方言辞典などをひととおりあたっておきます。次に、データベース的検索ではひろえない老人倶楽部や郷土研究者が残した冊子、小中学校でつくったレポートなどを、図書館や公民館でじっくり探してみます。そして、見つけたりした言葉やものごとが、いま、どれだけ生きているのか、残っているのかを、どんどんたずねていくのです。何も得られず、怪しまれたり、機嫌を悪くされたりで、落ち込むこともありますが、まれにおとずれる小さな発見や出会いの喜びは、格別なものです。

動くために、動くときに、ともにやる人と出会う

焼畑に興味をもつ人は数少ないので、動機や道は違えど必ず同じように追っかけている人と出会います。何がわからないのか、そこはどうなのか、などなど。たどってきた道はそれぞれでも、出会って交換しあうと、やがて出てくる結論はひとつ。

「やってみるしかないですね」

ここの場合、その言葉を最初に発したのは、島根大学の小池浩一郎氏でした。前後の経緯は割愛しますが、大学の森林資源管理研究室を中心とした教官、学生が集まり、公開ゼミやシンポジウムを1年にわたって繰り広げたのち、２０１５年の夏が「やってみた」最初の火入れとなりました。

今の日本で焼畑をやるときに、もっとも人手がいるのは火入れのときで、10人以上が従事するというの

がひとつの目安（各自治体が定めている火入れ条例による）になっています。ですので、「やってみる」ためには、団体・グループの存在が必要です。ここの場合、先述の島根大学のグループと当時筆者が事務局にいたNPO法人さくらおろち（尾原ダム建設を機につくられた地域再生の中間支援組織）が関わりました。そして、ダムの見える牧場の牧場主である大石亘太氏。大石氏は、生産現場であり、観光牧場であり、さまざまな人が出会い学べる場としての牧場をめざしています。焼畑を支えるものは、直接動いたり関わったりする人の外側やまわりに、複雑とも精緻とも面倒ともいえる形で存在します。歴史を調べることは、それらを解きほぐし、糸＝筋を見つけてつないでいくことにつながり、出会いと動きを生み出すのです。この場所が放牧酪農をめざし、焼畑もできる牧場となる前史には、木次乳業や日登牧場に象徴される地域の営みがあり、その源には、大正から戦後にかけて学校、私塾で人を育てた藤原藤之助、加藤歓一郎から流れ出て、一人ひとりに今も伝わっているものがあります。観察と生理（生命現象・原理）の重視、合理性、独立性、そして自由。意外に思われるかもしれませんが、山の世界で受け継がれきた精神性の流れでもあり、焼畑の精神ともつながるものだと私は考えています。

写真1　2017年夏、森と畑と牛とのプレイベントの様子
焼畑でとれたものを、コース料理で味わう。小さなマルシェもあって、牛ものぞいていく、というパーティーをイメージして。
出所：千葉絢子撮影。

　たぶん、ですが、あなたが、焼畑を追いかけはじめて、歩いたり調べたり、聞いたりしていくと、そうした人や文化の水脈、この国のなかで人を生かしつづけてきた深い水脈のようなものと出会うはずです。いまは存在しない人、そこにいない人とも、ともに汗を流しているように動けるのが、焼畑の楽しさです。

さて、2015年。大学グループとNPOが先導しながら、老若男女、遠方からも近隣からも、いろんな人たちが竹を切り、動かし、孟宗竹におおわれていた山がきれいな半円形の姿をあらわしたのは7月上旬でした。火入れは8月上旬を計画していたのですが、長雨にたたられ、5回の中止延期が続きます。ようやくできたのは9月16日でした。しかし、燃えない、燃えない。燃やしきれず追加2回で火入れしたのでした。荒廃竹林約30aの伐開から火入れまでにのべ163名が参加。約10aに温海カブとオロチダイコンを播種しました。ビギナーズラックといいましょうか、取り切れないほどの収穫にめぐまれ、しかも味は格別でしたが、あぁ、できるんだあと自信を深めた翌年から徐々に試練がはじまります。まあ、燃え過ぎたり、燃え残した火が消えなかったり、猪に入られたり、鳥に襲われたり、収穫が遅れてダメにしたり……と。それでも続いているのは「おもしろいから」としかいいようがありません。

2022年現在、島根大学の学生や有志、そして森と畑と牛と、ダムの見える牧場、何がしかにひかれてやってくる人たち、支えたり見守ったりしてくださる多くの方々とともに、焼畑の活動は続いています。

焼畑に必要な技法を身につけるには

動くということのより具体的な場面——山を伐開し、火を入れ、作物を育て……という中で感得していく身体の動き（端的には技法）こそ焼畑実践の醍醐味です。述べ伝えるにはあまりに不才ゆえ任に堪えませんが、ひとつだけ、火まわしの例をあげてみます。

焼畑と草原の火入れには、共通点も多いものです。さらに、農村の野焼きも同様。「最近の若いもん（60代、70代）は火の扱いを知らんから」と嘆く古老の言はもっともとして、身近に探せる手本たり得ます。

ある秋の夕暮れ、60代前半くらいの男性がひとり、きれいに草をおろしながら焼いておられました。通ったときには、半分ほど進んでいましたが、焼き漏れやむらがみられません。火の動きは、斜面の上から斜め下に向かっていましたが、スピードと形をうまく整えるために草を寄せたり、ならしたりしています。煙はほとんどたっていません。一定の大きさの火が、弧を描きながらゆるやかに進んでいます。男性の動きはじつにゆっくりとしていて、優雅ともいえるほどでした。

ほかに私の記憶に残っている見事な火まわしに、共通することがひとつ。

「ゆっくり動いていること。あるいはそう見えること」

これ、火まわしのみならず、焼畑の技法を身につけるのに、とても大事な秘訣ではないでしょうか。

「山は平地とは違う。山ではゆっくり動くこと」

こちらは、父を手伝って高校生の頃に焼畑をやっていたという方から聞いた言葉です。

違いがわかりますか。前者は状態、後者は意識です。火も山も流動性が高く変化に富むものです。そうしたものへゆっくり動くことで対する。これが技法の核心だとしましょう。さて、問題なのはその動きを、意識してやろうとしても、状態を真似てやろうとしても、うまくいかないということです。少なくとも私にとっては難しい。ゆっくりとは？　動くとは？　知覚と動きを解釈しながら試し続けるしかありません。

火入れの動きを例にしましたが、種まき、種取り、手箕の扱い、伐採、草刈り、道具の手入れ等々、身体の技法は奥深く難しくもおもしろいものです。技法は、どれだけ役に立つかという実利的効用に目を向けがちですが、身体を通して自然と接続することで、局面を打破していく学びの回路を持っていると信じます。道のりは遠いでしょうが、一歩ずつでも近づいていけたらなあと思います。

私たちがつないでいく未来の焼畑へ

私たちの焼畑が失敗の連続なのは、さまざまな作物に挑戦しているからともいえます。カブ、ダイコン、サツマイモ、サトイモ、キクイモ、トマト、ナス、カボチャ、アワ、アマランサス、ホンリー、オカボ（陸稲）、ヒエ、ソバ、タカキビ、オオムギ、コムギ、ダイズ、アズキ、畑ササゲ……、など。おすすめしたいのは野菜です。びっくりするほどのおいしさです。

なぜ、こんなことをしているかといえば、農耕の起源にすら遡るであろう焼畑の可能性を、未来の農法として広げていきたいからです。

そのポテンシャルのひとつ、たとえば労働生産性の高さは多くの研究者が指摘してきたことでもあります。焼畑は「消えゆく過去の遺物」どころか、未来の可能性を胚胎した先端農法という捉え方をしてみたいのです。ただ、生産性にしろ持続性にしろ、モノカルチャー・単一栽培では成立しません。焼畑だけでなく、食文化を中心とした人の営みの総体で達成できるものです。

そうした視点は、世界中に分布する焼畑にも多くみられるものです。たとえば、スリランカの焼畑もそう。特徴としていくつか挙げてみます。森林、叢林、牧草地、稲作放棄地など植生によって異なる多種多様な焼畑が存在したこと。水田、園地との併存であること。水田よりも焼畑のほうが投下労働力に対する穀物の収穫が見込めるとみられていたこと。園地での半栽培も含めた多様な植物利用と、植生のモザイク化をはかることで、生物多様性の確保と不作のリスクヘッジをはかっていること。鳥や昆虫、コウモリなど、生物の有用意識と管理技術に高いものがあること……。日本にも、害虫が嗜好する草を刈り残しつつ、ある成長点や気候をみて刈ることなど、聞けばポツポツと事例があります。

これらは単なる農法を超えた生態系管理技術です。かつ、その技術は研究室や試験圃場で生まれたものではありません。スリランカでも日本でも奥出雲でも、どこでも、だれでも、ふつうにできることの、百年千年のリレーがつくりあげてきたものだと思うのです。

そのバトンらしきものがなぜか目の前に落ちていたので、拾い上げてしまったのが私たちなのかもしれません。たいそうなことはできず恥ずかしい限りですが、失敗を重ねながら、在来の種を育て続けていったり、焼畑でできた豆で味噌をつくったり、雑穀や草や木の葉で団子や餅をつくったり。地の食材利用に長けたイタリア料理に学び、焼畑のキクイモでスープやサラダをつくったり……、あれやこれやをできたりできなかったり、やめたり、再開したり、そんな試行錯誤、七転八起の日々です。

ただ、継いできた種をまく土と畑、森と水があり、少しの火と道具があって、日々手をかけ育てる人がいて、暖かい場所があり、ごはんがある。いただきますと言って食べ、あぁおいしいと喜ぶ。そのあたりまえが、あたりまえでなくなりつつあるこの時代に、焼畑がこの大事なことをわかちあう場になってくれることを願います。バトンは気づけば目の前にありますから、あなたもまずは受け取ってみませんか。

参考資料

note. 焼畑再生という試みのちいさな幾きれか　https://s-orochi.org/mhu/2022/note01/

教育・研究と焼畑実践

3 創造＝発明作業としての焼畑　焼畑は骨董技術ではない

――島根県仁多郡奥出雲町

島根大学名誉教授
小池　浩一郎

島根県奥出雲地方で私たちのグループは、２０１５年から火入れなどの活動を継続しています。活動の継続にあたって課題となっているのはメンバーの確保です。とくに2～3年で入れ替わる学生を毎年確保することは、活動の持続可能性にとって最も重要な事項となっています。

初期から、島根大学などの学生を中心としていました。参加メンバーを見ると農学関連分野の学生が多いです。最近では農学関連の専攻であっても、大都市出身の学生に限らず、また農家の子弟である場合も、農作業の経験はほとんどなく、また農業や農村に関する関心もほとんどないというのが普通です。となると、農的なものへの関心が極めて薄い状態のなかで、それに輪をかけて古くさい、焼畑などという「骨董品」的なものには、なかなか寄り付かないというのが正直なところです。

そこでまず、どういうことをきっかけに――滅びゆくあるいは滅び去ったものとしての――焼畑に関心を持ち、さらにより積極的な活動につなげていけるのか、という課題を、関心領域を少なからず共有している文化人類学の経験からみていきます。

焼畑は骨董趣味か？　サルベージ人類学のアナロジー

文化人類学では、その研究スタイルについて、サルベージ（底浚えする）人類学というようなある種自己否定的な表現が見られます。またその類似語として古物趣味（アンティーク屋）人類学というものもあります。この議論が始まったのは、植民地化が先住民の社会を大きく変化させている20世紀初頭のことです。そこで植民地化の影響を可能な限り除去しながら、その「接触以前」を（研究として）再構成することにより、ゼロポイントあるいは「前原初系」（研究者の頭のなかにある典型的なもの――例えば過去のある時期の焼畑）を、ともかくサルベージする形で研究が蓄積されてきました。

サルベージ人類学と言われるような側面が人類学にあることを是認したとき、対応は2つ考えられます。一つは、肯定的あるいは否定的のどちらであっても、そのスタイルの変更はしないという姿勢、もう一つはサルベージされたものの、現在時における意味を考え組みたてるという姿勢です。言い換えれば、「「人々の記憶にない過去」の発掘そのものが埋もれた「真実の」歴史の再発見」となしうるという立場です。

骨董となった、過去の知識に可能性はないのか――ここに「「手つかずの伝統」を再発見し、現在時においてその意味を創造＝発明する」という潜性的な可能性が提起されています。

これを焼畑という「骨董」にあてはめれば、単に過去に地域で展開されたことのある農法という、過去の資料あるいは史料に過ぎないものではなくなり、現在時において社会に必要なものとして、創造＝発明の作業として展開していけるのです。

「骨董趣味」と現在――時間軸と空間軸を拡げる

焼畑の活動に参加するメンバーにとってこの言説を読み替えて見ると、可能な限り想像力の、時間軸、空間軸を広げてみるということになるでしょう。

時間軸の一方の端はゼロポイント、先学達が組みたてたオルターナティブな農法論としての焼畑です。民族学者の佐々木高明、人類学者の福井勝義などの成果は大事なものです。とくに農学の主流の、とりわけ大学の教員などに多くみられる、焼畑に関する臆説、あるいは俗論に抗するためには骨組みとして確実に読み込んでおく必要があります。

これらの焼畑の基本的な文献に定式化され整理されてきたもの（ゼロポイント）を踏まえた上で、さらに、それを、時間軸のもう一つの端である、現時点の、今作業している畑の姿と対比しながら考えていくことがとても大事なのではないでしょうか。

百聞は一見に如かず、台湾屏東県霧台郷、そこで道路の傍らの狭い土地にサツマイモが植えられていました。そこは土壌が極めて薄く、また粘板岩のかけらが大量に入っています。それが目に入った瞬間の私の感想は、こんなところに作物を植える？というものでした。その後その周辺の畑を見て歩くと、それに近い状態のところが多かったのです。つまり、「こんなところ」が、「こういうのでもいいんだな」、に変わっていくのです。

焼畑は時代をへるにつれ変わってきた、と理念的には言われています。しかし、先ほどのサツマイモのケースのように、どのような作物をどのように畑で仕立てるかについては、ものすごい数の組み合わせが考えられます。そこで役に立つのが、すでにどこかのグループにより「実際に試みられている組み合わせ」をなるべく多く見て発想を拡げるキッカケにすることです。

経験的に、火入れや収穫の時よりも、作物が一番葉を広げているときこそがその畑の使い方がいちばんわかるような気がします。焼畑については、現在、近隣にそのような場所は少ないですが、現代農業の主流、多肥料、多農薬ではない畑づくりに挑戦している篤農家の、さまざまな畑の仕立て方も含めて見て廻ることが視野を広め、大胆に焼畑を現在に大きく引き付ける有効な方法ではないでしょうか。

以下は一つの提案です。全国の焼畑グループの一連の作業日程をのせたカレンダーを共有できるようにします。地拵え、植え付け、管理、収穫など全ての段階の作業の推移を見て、興味のある所で現地検討会を開くようにします。訪問する側、訪問される側のどちらにも収穫があるでしょう。そのなかで地域に提案できる土地の使い方を提示することができるようになればと思います。

骨董技術の大逆転——中山間地、喫緊の課題に対応

焼畑農業に関してこれまで長く繰り返されてきた批判は、人口増加とともに、山に戻してから再び火入れを行うまでの回帰年が短くなり、地力の収奪が激しくなるというものです。

では、もし人口減少の場合はどう考えればよいのでしょうか。この時には土壌流失のリスクはなくなります。

焼畑は農耕技術のなかでは、労働節約的ですが、とくに必要な休閑期間を考えると、広大な土地面積を

必要とする技術になります。このため土地面積に制約のある場合、地域にとって適正な技術ではありません。しかし、現在、中山間地最大の問題は農地、山林の過少利用です。土地を活用しないことにより、住民を扶養すべき所得の減少と、イノシシによる食害やクマなどによる被害などを引き起こしています。私どもの焼畑サイトでも初めて（2021年）深刻なイノシシの食害を受けました。

人口減少、高齢化の進行するなかで残された選択は、中山間地からの住民の全面的撤収か、それでなければ、人口減少、高齢化でもこなせる労働節約的な土地管理技法による、必要最小限の農林地の確実な活用のどちらかしかありません。

食料でも工芸作物であっても、収穫水準維持の必要性が弱まったときには、回帰年は十分長い期間を確保できます。東南アジアでも作付け期間の短縮がみられます。このときには3～4年間は作付けするのではなく、1～2年でその場所を「山に返す」ことが可能となります。

奥出雲でも春作のみ、あるいは夏作＋翌年の春作という組み合わせに結果的には落ち着いています。

これをさらに前向きに考えて、獣害対策の意味からも、一年植え付けしただけで放棄してしまう、一回作をどんどん広げていくことにより、地域でほとんど使われていない、農地と山林の境界周辺の土地を次々と焼畑跡地に換えていけるのではないでしょうか。

さきに述べた「「手つかずの伝統」を再発見し、現在時においてその意味を創造＝発明する」という表現について、現在時は、まさに2020年代のことです。創造＝発明という言葉で、具体的に想起できるのは次のようなことです。まず、焼畑の労働節約的な特色の根源は「火」そのものの持つ速さ、強さです。これにより他の土地利用よりも確実に土地がイノシシやシカの棲み処ではなくなります。ただし、地域、近隣住民に信頼されるように火のコントロールについては現代の技術も活用した工夫がもとめられます。また、労働節約的な手法という特色を維持するためには、地拵えの作業手順、新たな道具の導入など改良できそうなことは積極的に試みる必要があります。

以上のような現代性の要請が骨董色をふんぷんとさせる焼畑イメージの大転換を可能にするのではないでしょうか。

もうひとつの視点──地域のＳＤＧｓを牽引する

焼畑農業の特徴の一つは無肥料であることです。これに対し現代農業の特徴は、化学肥料の大量投入です。量的に最も多く使われている成分である窒素について考えてみましょう。窒素肥料はアンモニアから作られます。アンモニアの窒素分は大気からのものですが、水素は、現代では天然ガスまたは粗製ガソリン（ナフサ）から供給されます。つまり窒素肥料は化石燃料の塊ということになります。

最近（２０２１年９月）、大手商社が、アブダビから「ブルーアンモニア」つまり、合成時に副産物として発生する二酸化炭素を地中処分したアンモニア、の肥料用としての輸入を開始することが報道されています。一般には発電や自動車などのためのエネルギーの面で、二酸化炭素の排出削減が議論されていますが、肥料などのマテリアルの面についてはまだあまり注目されていません。

しかし、ＥＵメンバー国などでは、エネルギーや運輸部門だけではなく、農業部門でも、炭素排出量を絞り込む動きが強まっているのです。

現代農業は化学肥料だけでなく、農薬や合成樹脂フィルムなどの製造の過程で大量の二酸化炭素を排出させています。

日本の場合、総じて国際的な動向に鈍感で、後手後手になって後になってバタバタすることが予想されます。この意味で、完全無農薬、無肥料の焼畑は、農業の面で二酸化炭素の排出を正味に削減することによりSDGsを切り拓く、量的には小さくとも、質的には、地域SDGsの大きな牽引力となることができます。

コラム　焼畑のやり方として書物にはまとめられていない、あるいは発明かもしれない焼畑の技法

①タケの焼畑、ではなくて正確には孟宗竹の焼畑は簡単ではない

私どもの焼畑は、カンヅメ用のタケノコ生産を止めたため放棄された竹林（孟宗竹林（モウソウチク））を使っています。孟宗竹を燃やすのはそれほど簡単ではありません。タケといっても、九州悪石島の事例で紹介されている琉球寒山竹のような細竹ではないためです。

それでは、なぜ孟宗竹を焼いて焼畑をやっているのか。それは放棄竹林のタケを「駆除」してほしいという一定のニーズがあるから場所の確保がやりやすいということが背景にあります。

タケは芯の空隙を含めて考えると軽いですが、その組織自体は密度が高く重たいのです。これまでの経験からすると、タケは樹木の枝条に比較して燃えひろがる速度が遅いです。このため点火しても自然に燃

え移っていくことは少なく、注意深く隣接する竹材に炎が移るように人手を加える必要があります。

火入れにおいて、むらのないように焼くためには、竹材の配置を均等にするとともに、地面から浮いていないようにする必要があります。

竹材は移動だけ考えると一本丸々、長いままのほうが扱いやすいです。しかし火入れのときの燃えやすさを考えると、2メートル以下に切断する必要があります。孟宗竹の場合はこの長さでも結構取り扱いに手間取ります。

以上のことから、タケは伐倒が比較的容易なのに対し、うまく燃やすための地拵えが、全体の労力配分のなかで比較的大きな割合を占めることがわかってきました。

②混栽のすすめ

これは佐々木高明さんの『稲作以前』（新版はNHK出版、2014年）に出てくる石川県の手取川流域での事例について、関連資料に紹介されているカブとアワの混植に触発されたものです。さらに台湾原住民族出身学生の論文の情報も参考になりました。台湾南部ルカイ族の調査では10種類以上の作物が同時に栽培されています。

機械を多用する農業では作業効率、とくに収穫作業の効率を考慮したとき、複数の作物を同時に栽培することは適切ではありません。しかし収穫が手作業による場合には、複数の作物の同居は障害にはなりません。収穫作業のピークを大幅に分散するメリットもあります。他方、作物それぞれの高さや形状（直立か蔓性か）が単一でなく多様であればあるほど太陽エネルギーの利用率は高まります。さらに病虫害のリスクも分散されます。

混栽向き作物1　サツマイモ

サツマイモは、原産地中米から500年前に世界に広がりました。フィリピンや台湾での焼畑の記録を見ると、量的にタロイモをしのぐ栽培面積になっています。私どもの畑でも、焼いた場所がたまたま余ったのでその場所に植えてみたのが最初の経験です。まず、不耕起であり土が固く、また竹の地下茎が縦横に存在しているため、芋の形は整っていません。しかし蔓が伸びて展開した葉の面積に比例した大きさの、しかしユニークな形状の芋が収穫できました。サツマイモのもう一つのメリットは、葉が順調に広がると雑草の成長が完全に抑えられ、除草作業が全く要らなくなることです。

混栽向き作物2　ツルアズキ

山形大学の江頭宏昌先生に提供していただいたツルアズキは、おもしろい作物です。からむ物（ササでも他の作物でもよい）がなければダイズのように丈の短い直立した形状になりますが、絡むものを見つけると数メートルの範囲に広がります。他の作物の周囲に植え付けるためそれ自体が土地を占有することはありません。種をまけば育ちますしこの作物のための除草もいりません。とても手間のかからない作物です。

これはモンスーンアジアの典型的焼畑作物であり、ネパールあたりまで分布しています。台湾屏東県三地門近くにある原住民族文化園区でもパイワン族の村に植え付けられていました。（小池　浩一郎）

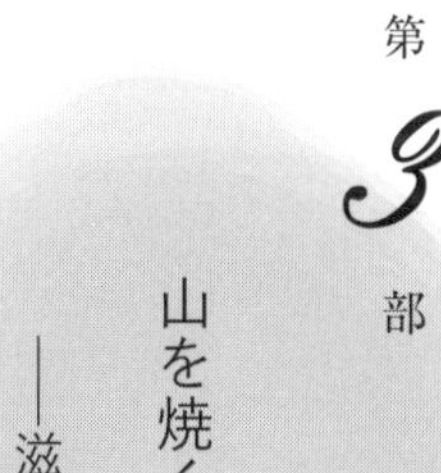

第3部

山を焼く、地域と学ぶ

——滋賀県長浜市余呉町

8 余呉の焼畑プロジェクトと「火野山ひろば」

増田 和也
高知大学

第3部では、本書の企画者たちが中心となって取り組む焼畑プロジェクトについて取り上げ、その過程で浮かび上がってきた焼畑の魅力や可能性について、さまざまな視点から述べていきます。本章では、その導入部として、焼畑プロジェクトのねらいとこれまでの展開、第3部の構成について概説します。

1 私たちのフィールド——余呉の概観と焼畑地域の分布

プロジェクトの拠点である滋賀県長浜市余呉町（旧・伊香郡余呉町。以下、余呉町と表記）は、滋賀県の最北端に位置します（図1）。町域の東側は岐阜県と、北側から西側にかけては福井県と接する山地に囲まれ、大半が山間地域に属しています。日本海側の気候により冬季の積雪量が多く、余呉町は近畿地方以西で唯一の特別豪雪地帯に指定されています。この積雪が生み出す地形や植生は焼畑にも大きく関係しています。

余呉町内は山がちであるとはいえ、焼畑の記録が残る地域は限定的です。余呉における焼畑地域の地理的分布について、町内を流れる二つの河川と照らし合わせながら見ていきましょう。

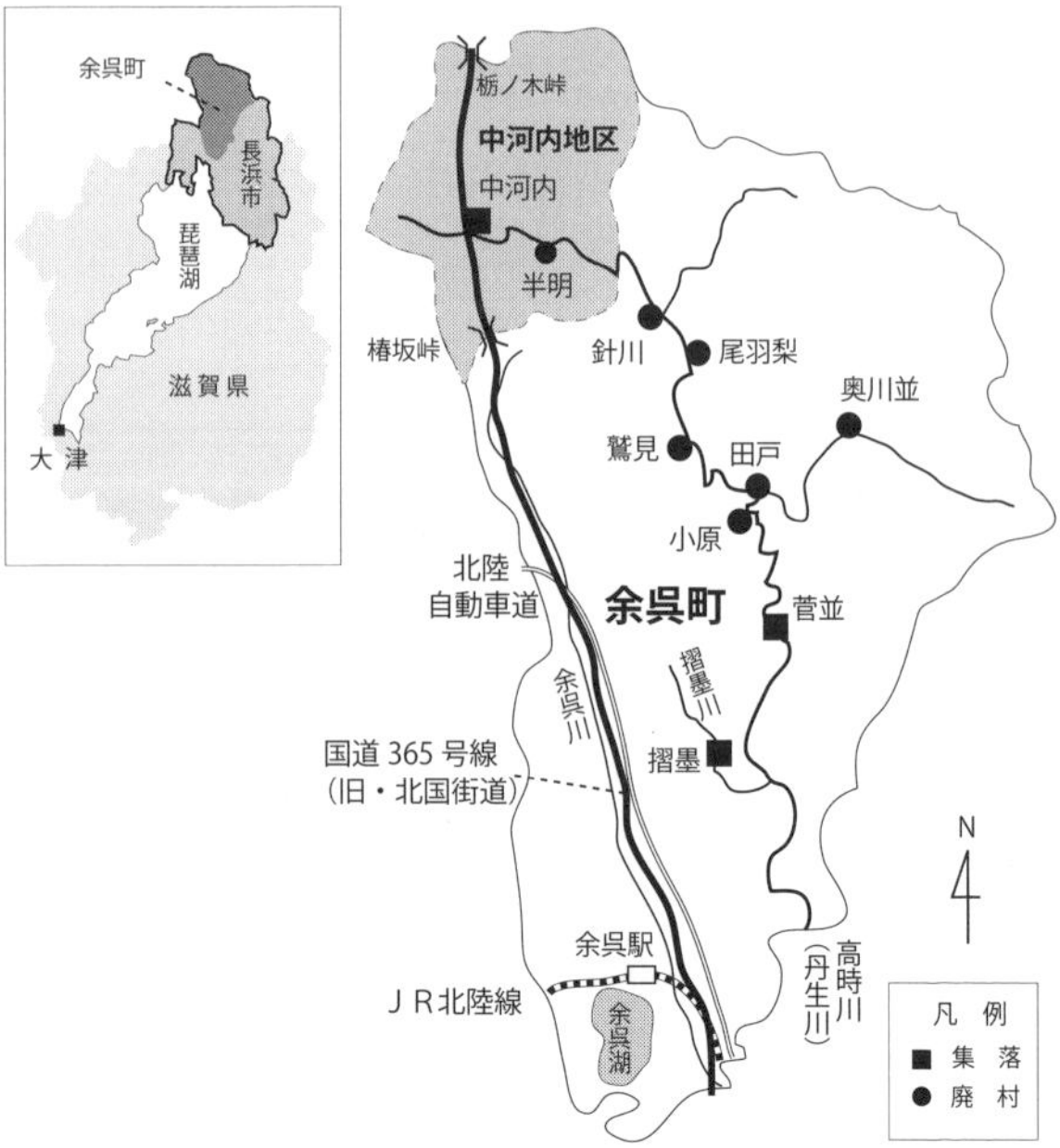

図1　長浜市余呉町高時川上流部の集落および廃村
出所：筆者作成。

ひとつ目の河川は、町域の西側を北から南に流れる余呉川です。余呉川は柳ヶ瀬断層の上を直線状に流れ、それに沿って旧・北国街道が開かれ、その道筋は現在の国道３６５号となっています。余呉川流域は谷が広く、町域の南西部には平地帯が広がり、人口の多い集落や水田はこの一帯に集中します。余呉川流域では、山地を背後とする集落であっても焼畑に関する記録は得られていません。

もうひとつの河川が高時川（丹生川）で、この水系の上流域に焼畑を行う集落が点在していました。前述の北国街道は余呉川の源流部となる山地を椿坂峠で越えて、北端の中河内地区に至ります。この中河内一帯を源流とするのが高時川で、椿坂峠に阻まれていったんは東方向へ流れ、やがて南に向きを変えて、余呉川流域を東に迂回するかたちで山間部を下っていきます。この高時川沿いの谷間は丹生谷とよばれ、その上流部（奥丹生谷）にはかつて６つの集落がありました（小牧・宮畑１９５７）。これら集落は上流から、針川、尾羽梨、鷲見、田戸、小原と続き、さらに田戸で東から流れ込む支流沿いに奥川並がありました。奥川並、尾羽梨、針川は１９７０年前後に全戸が離村し（木村１９７４、余呉町教育委員会ほか1991)、残る3集落も高時川に計画されたダム建設(2016年に建設中止が決定)に伴い、1995年に集団移住しています(原田・金井2010)。また、中河内集落には高時川沿いに半明(はんみょう)という出村がありましたが、ここも1995年に離村しています。これら廃村に加えて、その上下に位置する中河内と菅並、高時川の別の支流沿いにある摺墨(するすみ)の各集落では、地域差はあるものの1960〜1980年代まで焼畑がなされていました(小牧・宮畑前掲書、伊藤・柿原1960、余呉町教育委員会ほか前掲書)。

2 焼畑復活までの経緯——「火野山ひろば」の誕生

余呉において、私たちが焼畑に取り組むのが中河内地区です。中河内では高度経済成長やいわゆる燃料革命といった社会変化を背景として、1970年前後から焼畑を行う世帯が減少し、やがて焼畑は途絶えます。こうしたなか、中河内で焼畑が復活したのは2007年のことです。そのきっかけになったのが、私たちが関わるグループの「火野山ひろば」と余呉町内の別地区で焼畑を一人続けていた永井邦太郎さんとの出会いでした。

まず、火野山ひろばについて紹介します。このグループは、焼畑や山野への火入れに関心をもつ者たちが2005年頃から集まり結成したものです。古来、人間は自然植生の遷移や地力回復など自然生態系の潜在力を活かしながら、山野からの恵みを引き出してきました。そのような自然生態系の潜在力を促す手立ての一つが山野への火入れです。山野への火入れが身の回りから遠ざかって久しい現代においても、その知恵や技術を現代の森づくりや地域づくりに活かせないだろうか。そのような共通の関心のもとで火野山ひろばの取り組みが始まりました。メンバーは、滋賀の山村への移住者や焼畑に関心を持つ研究者など10

名あまりで、第3部の執筆者は全員が火野山ひろばのメンバーです。

私たちがフィールドとして目を向けてきたのは、主に滋賀県の湖西・湖北地域の山間部でした。湖西には、春先に山野へ火入れした後に萌芽したナラの幼木を刈り取り、牛の敷草とした後、水田に踏み込むというホトラヤマ慣行があります。一方の湖北では、ヤマカブラと総称される在来のカブラなどが焼畑で栽培されていました。私たちは、こうした慣行に関する聞き取りを行うとともに、火入れを復活させるような取り組みができそうな地域を探してきました。しかし、いずれの地域でも１９８０年代までに火入れ慣行は途絶えており、焼畑を体験として知る世代は80歳近くとなっていました。経験者から技術を実践のなかで継承するにはギリギリの段階と思われました。

そうしたなか、湖北の余呉でヤマカブラの種を継承している永井さんとの出会いがありました。当時、永井さんは焼畑を自分の体験として知る70歳代で、ヤマカブラを常畑（じょうばた）[1]で火入れをしながら栽培し、種を守り続けていました。焼畑でのヤマカブラ栽培を提案したところ、「若い人たちが手伝ってくれるなら」と快諾いただき、こうして永井さんとの焼畑復活が動き出したのです。かつて焼畑が行われていた余呉でも、候補地探しには紆余曲折がありましたが、２００７年に中河内の山野で永井さんを師匠として協働の焼畑が実現しました。当初の私たちは学ぶことが多く、実際には永井さんの手伝い同様でしたが、２０１０年からは火野山ひろばが中心となって地区の共有林の一部を借りうけ、焼畑復活の取り組みが始まりました。

中河内における焼畑プロジェクトは、永井さんのみならず、中河内の方々の理解と協力なしでは実現できませんでした。とくに、現区長である佐藤登士彦さんは、若い頃の炭焼きに加え、共有林の管理に長年携わってこられた経験から地区内の林野を熟知されており、焼畑地の選定や地域内での調整など、多方面で取り組みを支えていただいています。

3　中河内におけるプロジェクトの展開

それでは、2007年から始まった中河内での焼畑プロジェクトについてこれまでの取り組みをみていきましょう。焼畑地は隣接する区画への移動を含めて毎年移動し、中河内地区内で大きく7か所で行ってきました。一連の焼畑での成果については後につづく各章で述べられますので、ここではそれらの前提となる基礎情報として、各年の焼畑地の立地条件や植生などについて示します（表1、図2）。

まず、2007〜8年までの2年間は、集落から国道365号を600メートルほど南に向かった付近の東側（西向き）斜面（地名：農間平（のまのひら））に焼畑を拓きました（焼畑①②）。山裾斜面の下部に位置し、豪雪地の余呉では雪崩により運ばれた雪が遅くまで残るようなところです。そのため礫（れき）が多い地質で、イタドリやシシウド、ヨモギなどの植物がはびこるなかにタニウツギなどの低木が混在するような植生状態です。2007年は斜面に底辺幅15mほどの台形状に藪を伐開して焼畑とし、翌年はその南側に隣接する藪を刈り、前年の焼畑を取り込むようなかたちで焼畑を広げました。2009年は余呉町内の別地区で焼畑を行う縁があり、この年は中河内で焼畑を拓いていません。

2010〜14年までの5年間は、集落から1kmほど南に下がった付近の西側（東向き）斜面（西ノ下）に焼畑を拓きました。低木林が広がり、その間にススキやササが群生するような植生で、斜面を10〜20mほど登ればそこから上は里山林が広がります。そうした植生条件の一画を拓き、そのうちの20m四方の区画を焼畑とし、その周囲を防火帯としました。

表1　各年の焼畑地の諸条件（2007 - 21 年）

年	焼畑番号	場所（地名）	地形	斜面向き	植生状態	特記事項
2007	①	農間平	斜面	西	低木林	
2008	②	農間平	斜面	西	低木林	
2010	③	西ノ下	斜面	東	低木林＋ササ原、一部に高木	火入れ時、ササが多い区画ではよく燃えた。
2011	④	西ノ下	斜面	東	低木林、一部に高木	雨天が続いたために火入れ日が遅れ、コオロギによる食害発生。
2012	⑤	西ノ下	斜面	東	低木林、一部に高木	
	⑥	扇ノ面	斜面	西	ススキ草地	朝方に降雨があったが、天候回復し火入れ実施。
2013	⑦	西ノ下	斜面	東	低木林、一部に高木	
	⑧	扇ノ面	斜面	西	ススキ草地	
2014	⑨	西ノ下	斜面	東	低木林、一部に高木	雨天が続いたために火入れ日が遅れる。
2015	⑩	五位谷	斜面	南	低木林、下部がススキ草地	
2016	⑪	五位谷	斜面	南	上部が低木林＋一部に高木、下部がススキ草地	
2017	⑫	五位谷	斜面	南	上部が低木林＋一部に高木、下部がススキ草地	
	⑬	オンボ谷	斜面	南東	里山林（コナラが優占）	里山林は長い期間利用されていない状態。周囲残存木の陰により焼畑地の日当たりが悪く、収穫量はごくわずか。
2018	⑭	生良杉谷	斜面	西	低木林＋ススキ草地、一部に高木	
2019	⑮	生良杉谷	斜面	西	低木林、一部に高木	前年の焼畑に雑穀を播種。
2020	⑯	シオリ谷	斜面＋平地	西、南	ススキ草地＋スギ人工林	ススキ草地の一部は耕作放棄地。スギ人工林は手入れがされていない状態。前年の焼畑に雑穀を播種。新型コロナウイルス感染拡大のため作業人数を限定。
2021	⑰	シオリ谷	平地	南	前年焼畑地＋ススキ草地	前年の焼畑の一部に雑穀を播種。黒斑病により収穫量減。新型コロナウイルス感染拡大のため作業人数を限定。

出所：筆者作成。

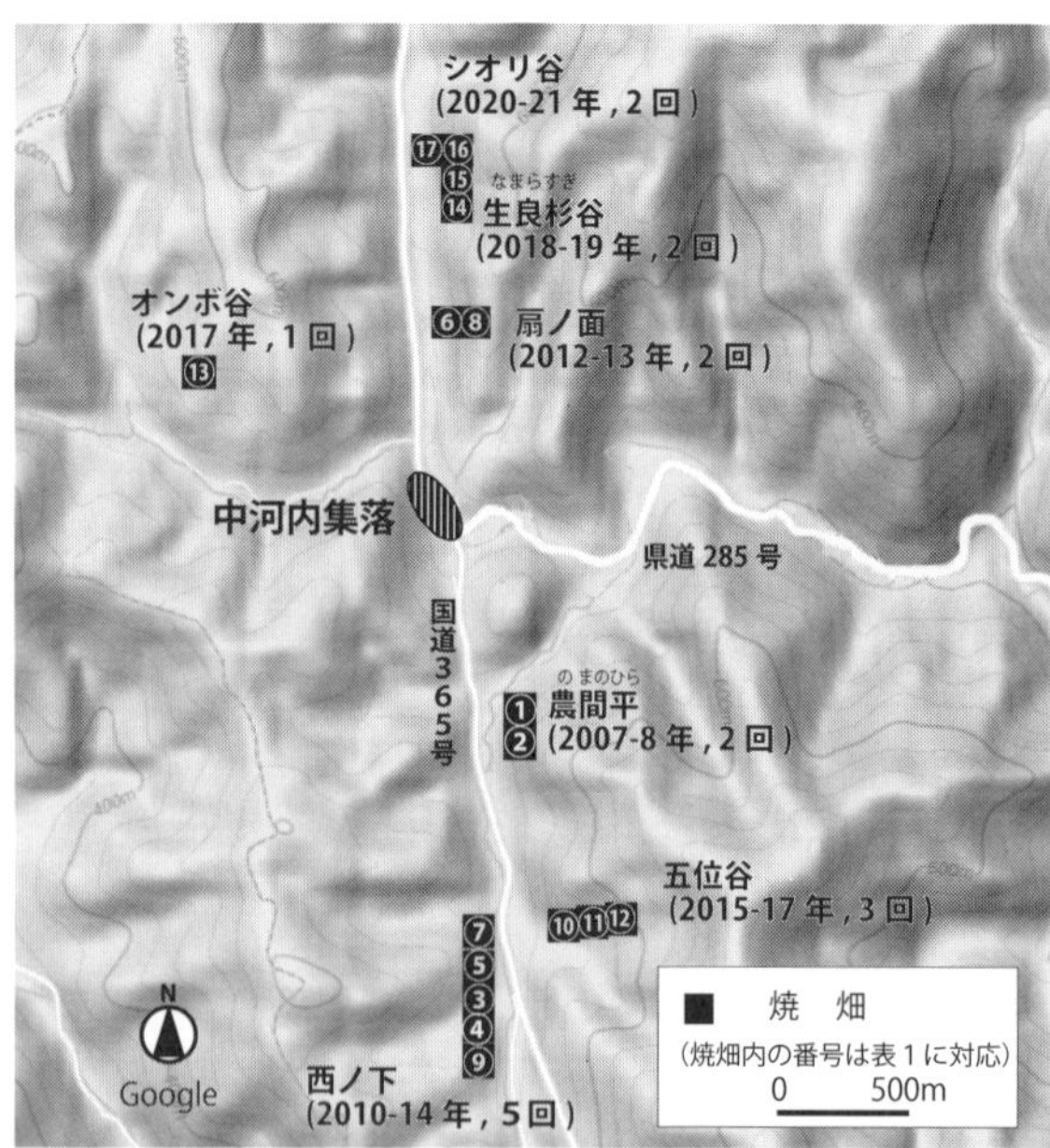

図 2　焼畑を拓いた場所の履歴（2007-21 年）
出所：Google マップをもとに筆者加工。

2010年に拓いた場所（焼畑③）の植生はイブキザサがとくに密生していたことが特徴です。乾燥したササはよく燃え、このときの火入れでは火の勢いを抑えることに苦心したことをよく覚えています。翌2011年は前年の南側に隣接する区画へ焼畑を水平方向に移し（焼畑④）、2012～13年は2010年の焼畑から北側へ隣接するように順に移動していきました（焼畑⑤⑦）。2014年はさらにその北側の斜面が急になったこともあり、2011年に拓いた焼畑地の南側に隣接する区画へと移動しました（焼畑⑨）。

2015～17年までの3年間は、前年までの焼畑とは谷を挟んだ反対側、つまり東側の山裾へ焼畑地を移しました。そして、東方向から流れる谷（五位谷）の右岸（南向き）斜面を下流側から焼畑地を拓き（焼畑⑩）、翌年からの2回は上流側へと順に移していきました（焼畑⑪⑫）。この斜面も低木林を中心として草地や高木がところどころに見られる植生でした。この谷で3回焼畑を拓きましたが、次第に谷間の傾斜が急になり、作業が困難になってきたために、翌年からは場所を移すことにしました。

2018～19年の場所は、それまでの集落南の区域を大きく離れ、集落から1㎞ほど低木林の間に北に位置する東側（西向き）斜面（生良杉谷）に移しました（焼畑⑭⑮）。そこも山裾斜面下部の雪崩堆積地で、ススキやイタドリなどが群生する草地に混じる植生状態です。2020～21年は、前年の焼畑に隣接する斜面では斜度が増すという地形的問題に加えて、新型コロナウイルス感染拡大により作業に参加できるメンバーが限られることが予想されました。このために、限られた人数で作業できそうな場所を探し、さらに北側に位置するシオリ谷近くの東側（西向き）斜面とその下に広がる耕作放棄地に移しました（焼畑⑯⑰）。耕作放棄地は長い間放置されており、ススキがぎっしりと密生している状態でした。

以上のように、毎年場所を少しずつ移動させながら、基本的に一か所ずつで焼畑を拓いてきましたが、それとは別に比較実験の目的から同時期に2か所で焼畑を拓いた年もあります。たとえば2012〜13年に集落北の東側（西向き）斜面（扇ノ間）に拓いた焼畑がそれです（焼畑⑥⑧）。そこは、前年の2011年に当時の区長であった小谷和男さんから「焼畑によいところがあるんや」と勧められた場所でした。案内された場所はススキが群生する草地斜面で、それまで「焼畑にもっとも適するのは一定以上の樹齢をもつ樹林帯だ」と思い込んでいた私たちにとって、まったくの想像外の条件でした。そこで、それまでの焼畑地と比較する目的で、その一帯で2回にわたり焼畑を拓きました。このときの焼畑は、私たちの先入観を覆すきっかけとなり、たいへんに意義ある経験となりました（本書第11章、第14章）。

また、2017年にも2か所で焼畑を拓きました。1か所は前年からの焼畑地に隣接する区画で拓いたメインとなる焼畑（焼畑⑫）で、もう1か所は里山林（コナラが優占）を伐開した区画で、集落北西の谷合い（オンボ谷）に位置しています（焼畑⑬）。これも比較実験を目的としたもので、かつて炭焼きが盛んだった頃、中河内では炭の原木としてコナラなどの雑木を伐採した後、その伐開地の一画で端材や小枝などを集めて焼畑をしたと聞きます。そこで、この2つ目の焼畑では、それを再現してみようと、前年に里山林を伐開し、地元で炭焼きをする方の原木として搬出し、翌2017年に伐採跡地で枝葉や雑木を燃やして焼畑としました。しかし、マンパワーと作業時間の限界から、まとまった面積の区画を伐開することができず、そうなると周囲の残存木がつくる陰により日当たりが悪くなり、カブラはほとんど生育しませんでした。

一方、2019年からは別の試みを始めています。これまで焼畑地は1年間カブラを耕作した後に休閑していましたが、2年目の焼畑でソバやアズキなどの雑穀を栽培するようになりました（本書第12章）。また、2020年には隣接する放置スギ人工林の有効活用を目的に、その一画（5m×10m）を試験的に伐採して小規模の焼畑を拓きました（本書第11章）。

このように、私たちは焼畑を毎年移動させてきました。そのため、隣接する区画であっても植生や土質や水分量、斜面の角度といった条件が少しずつ異なり、さらには毎年の気象・天候条件のちがいも相まって、各焼畑の出来はそれぞれ異なる結果となりました。詳しくは後章で述べられますが、それが焼畑の難しさでもあり、面白さでもあり、私たちに多くの学びや気づきをもたらしてくれました。

なお、いずれの年（２０２０～２１年は除く）においても、焼畑予定地の伐開や火入れ、収穫といった作業の際には関係筋や広報誌などを通じて参加者を広く募り、焼畑へ関心を示す仲間の環を広げてきました（写真1）。また、火入れと収穫の際には地域の方も招いてバーベキューや食事会を開き、地元との交流も重ねてきました。こうしたなかで地元の方からは、焼畑に限らず、中河内のかつての暮らしや風習などについての話を伺うことができ、それが新しい取り組みのヒントへとつながっています。

写真１　火入れ作業の様子
出所：2018 年 8 月、筆者撮影。

4　第3部の執筆者と構成

火野山ひろばが２００７年から始めた焼畑の取り組みは、すでに15年近く継続しており、メンバーは焼畑を起点としながら、ますます各自の興味や関心を広げ、それぞれの取り組みを展開しています。このプロジェクトがこれまで継続しているのは、メンバーの関心が焼畑を軸におおよそのところで一致しているものの、各自の専門分野や視点、役割が少しずつズレているところに鍵があるように思います。また、メンバーの多くがもともとは東南アジアやアフリカなどの海外をフィールドとした研究者であり、それぞれのフィールドで焼畑に出会い、その後に日本国内の焼畑を新鮮な視点で見つめながら実践している点も独特であるかもしれません。いずれにしても、各メンバーの個性の間にあるズレと接点のかけあいが火野山ひろばの強みであると考えています。そこで最後に、メンバーごとのズレに注目しながら第3部各章の執筆者と内容の概略を紹介して、次章以降につなげたいと思います。

第9章の黒田は霊長類を対象にした自然人類学が専門ですが、滋賀県立大学に赴任してからは人間社会にも関心を広げ、各地の自然利用に見られる知恵や技術の多様性と共通性に注目しています。すでに述べたように、余呉町内の山間地では複数の集落で焼畑によってヤマカブラが栽培されてきましたが、じつは焼畑での技術や栽培体系などには集落間でちがいがあります。黒田は、余呉だけでなく他地域の焼畑の多様性をも視野に入れつつ、中河内での自身の焼畑経験を重ねながら、急傾斜地における耕作技術として焼畑をとらえようとしています。

第10章の島上はインドネシアの農山村における村落自治と資源管理を研究テーマとしてきました。中河内では、村に暮らしてきた女性たちへの聞き取りから、かつて、中河内の焼畑は主に女性たちによって担われていたこと、そして、山裾の草地・原野が重要であったことを明らかにします。

第11章の鈴木は土壌学・森林環境学をベースとし、ミャンマーやラオスの焼畑について研究してきました。日本では里山再生をテーマとして指導学生に焼畑の魅力を伝えています。そこでは、火入れの効果や影響を土壌に注目して分析するだけでなく、植生や昆虫といった生態学的視点にも目を向けながら、焼畑を活かした森づくりについて考えています。

第12章の野間は植物生態学を専門として、焼畑地の火入れ前後の植生の変化や回復状況を調査しつつ、かつて中河内とその周辺で作られていた焼畑作物の復元にも取り組んでいます。余呉の複数集落で焼畑がなされていた時代には、ヤマカブラの玉の形は集落ごとに異なっていましたが、現在はそれらが交配して混ざっています。そこで、かつてのカブラの形をもう一度分離復元する取り組みを進めています。また、2年目以降の焼畑地にソバやアズキ、アワ、ヒエ、エゴマなどの雑穀を育て、作物を交代させるかつての輪作体系に近い栽培も試みています。

第13章の河野は、主にマレーシアをフィールドに開発と政治について、さらに、東南アジアの資源利用型産業の比較研究を行ってきました。その一方で、琵琶湖地域の中山間地域再生をめざした実践活動を行うなかで、趣味の料理が高じて、地域独自の産品を活かしたレシピづくりやネットワークづくりに情熱を注いでいます。これまで、余呉でヤマカブラといえば漬物が主な調理法でしたが、ヤマカブラを素材として新しい味わい方やブランド化を模索しています。

第14章の増田はインドネシアの農山村をフィールドとして自然利用をめぐる在来知や社会動態に目を向けてきました。余呉においても在来知に興味を持っていますが、焼畑実践における失敗や戸惑いを重ね、それをもとにした地元住民との交流のなかから在来知が立ち現れるプロセスそのものを楽しんでいます。そして、そのプロセスに焼畑を実践することの意義と可能性があることを感じています。

第3部の最後でコラムを執筆する今北は、1970年代から、火入れが引き出す山野の恵みに注目し、滋賀県・湖西の針畑(はりはた)地区を拠点に、それらを活かした産品づくりや消費者との提携を地域の人びとと手がけてきました。コラムでは、火野山ひろばの呼びかけ人でもある今北が、針畑に伝わる「わらび千連」の伝聞を糸口に、ヒトと火と野山の関わりの記憶をひもとき、火入れが開く野山のにぎわいのイメージを次世代につなぎます。

以上、第3部の舞台となる余呉と火野山ひろばの取り組みについて俯瞰しました。こうした各執筆者の背景と照らし合わせながら、それぞれの章で各執筆者が示すプロジェクトの成果や焼畑の魅力を楽しんでいただければ幸いです。

注

(1)常畑とは、ひとたび開墾した後に毎年耕作する畑地を指し、私たちの身のまわりで見られる畑地のほとんどがそれです。林野の開墾後に1年あるいは数年間という短期間のみ畑地となる焼畑や切替畑(きりかえばた)と対比する文脈でしばしば用いられ、本書第3部の各章で使われています。

参考文献

伊藤唯真、柿原正明(1960)「北国街道筋村落の習俗と生活——滋賀県伊香郡余呉村を中心とした歴史地理的調査とその考察」『東山高校研究紀要』7、43~127頁
木村和弘(1974)「滋賀県余呉町における集落再編成事業——集落再編成の背景と事業の問題点」『信州大学農学部紀要』11巻2号、281~312頁
小牧実繁、宮畑巳年生(1957)「近江盆地周縁山村の研究——丹生谷の場合」『滋賀大学学芸学部紀要』7、9~21頁
原田晃樹、金井利之(2010)「看取り責任の自治(下)——滋賀県余呉町の居住移転施策を中心に」『自治総研』379、1~34頁
余呉町教育委員会、建設省高時川ダム工事事務所(1992)『高時川ダム建設地域民俗文化財調査報告書』余呉町

余呉の焼畑を発展的に受け継ぐ

滋賀県立大学名誉教授
黒田　末寿

1　新たに焼畑に取り組む人たちへ

この章では、私たちと同じように新たに焼畑に取り組む人たちの出現を期待して、私たちがこれまで学んだ焼畑の技法とその持続可能性を高めるいくつかの改善点を紹介します。

１９６０年代まで、滋賀県北端の中河内から菅並にいたる高時川沿い（奥丹生谷）までの各集落と摺墨川上流の摺墨では焼畑で雑穀やソバ、ダイコンやカブ（ヤマカブラ）をつくっていました。60年代半ばまでに多くの人が止めてしまいましたが、なかには「焼畑でないとおいしいヤマカブラはできない」として、１９８０年代初期まで焼畑をつづけていた人も数人います。私たちはこうした焼畑の経験者に学びながら、中河内で焼畑をおこなっています。おいしい野菜ができるといわれる焼畑の持続可能性を検証してひろめ、現代の生業に組み込みたいということが最初の動機でしたが、10年以上焼畑をつづけているのは、焼畑のおもしろさと焼畑でつくられた在来野菜のヤマカブラに魅せられたからです。

焼畑には多様なパターンがあります。場所・火入れの時期・作物・放棄後の利用法の組み合わせは実に多く、しかも時代の要請に合わせて大きく変化しています。ですから、ここで紹介する1960年ごろの余呉の焼畑は、あくまで「その地域」の「その時代」のもので、それを基準にした改善点です。その限定はありますが、これからの焼畑の実践に役立つよう、日本の多くの焼畑に共通する要素に留意して記しています。

共通する要素とは、①草や木を伐採して燃やした後に作物を植える、②数年で作付を放棄し何年かの休閑後にまた火入れ・作付する、③傾斜地でおこなうことがあげられます。焼畑ですから火傷や類焼の危険を伴いますが、①の火入れは欠かせません。②の作付期間は1年から6、7年におよぶ場合があります。焼畑の肥料分は年々少なくなるので、それに応じて貧栄養でも育つ作物や地力回復に役立つ作物に変えていきます。これを作り回しとか輪作といいます。休閑期は放置から自生してくる山菜を採ったり有用樹を育てるなどの積極的利用までいろいろなやり方があります。③は必ずしも必須ではありません。例えば、杉林の伐採跡を焼畑にする場合、集落近くなら常畑にしてしまうような平坦地が含まれることが多いです。しかし、ほとんどの焼畑は傾斜地でおこなわれてきました。それは常畑にできないからだけではありません。焼畑では傾斜は後述するように重要な意味をもっています。

焼畑は、伐採と火の利用、数回の除草と間引きをのぞけば、作物の力と自然の成り行きにすべてを任せる農法ですから、こうすれば必ずよく穫れるという保証はありません。気候が不順だったのによく穫れたということも、その逆も起こりますが、そうなった要因の特定がむずかしい場合も多いです。やり方をチェックしながら進め、作物を観察し続ける。その経験を蓄積していけば、不作の要因をすこしでも防げるようになります。そして焼畑が一挙におもしろくなることでしょう。

2 余呉の焼畑の特徴と集落間の相違

余呉では、集落から離れた畑を総称して「ヤマバタケ」、または「ヤマノハタケ」とも呼び、とくに焼畑を指すときは「ヤキバタ」「ヤキバタケ」と言います。焼畑の作物によって「カブラバタケ」「ソババタケ」「ヒエバタケ」などと呼ぶこともありました。ちなみに余呉の南東に隣接する木之本町や西浅井町では遠く離れた東北での呼称と一致して「カノ」または「カンノ」（竹本1991）、北の福井、東の岐阜では「ナギ」または「ナギノ」と言います（橘1995）。

私たちが成人前後まで焼畑をした方々にくわしい聞き取りができたのは、中河内（男性複数と女性複数）、鷲見（男性1人＝久保吉郎氏1931年生）[1]、摺墨（男性1人＝永井邦太郎氏1936年生）の3集落です。これらを中心に、まず余呉内の焼畑の全体に通じる特徴と集落間の相違を述べましょう。

共通の特徴はおよそ次のとおりです。まず、各戸で毎年に火入れする規模は10a（アール）止まりで、ほとんどが数aでした。作物は、ヒエ・アワ・ソバの雑穀とダイコン・カブ・アズキ・エゴマ（エイ）およびイモ類（サツマイモとサトイモ）です。中河内ではイモ類は植えていませんでした。ソバ以外の雑穀栽培は昭和30年（1955年）頃までに止めています。カブは「ヤマカブラ」あるいは「ヤマのカブラ」と呼ばれる在来品種の赤カブ（鷲見では「天狗カブラ」の異名もありましたが、通常はたんにカブラと呼んでいました）で、名前は同じですが、形と中の色が集落ごとにちがっていました。

また、3集落のいずれでも切替畑をしていません。ただし江戸期の文書には切替畑の語があり（余呉町誌編さん委員会1995）、奥丹生谷の尾羽梨では焼畑を「切りかえ畑」と呼んでいたので（東洋大学民俗研究会1

970)、さかんだった地域や時代があったのでしょう。切替畑は、スギ林の伐採跡を焼いて再植林までの数年間作付する方法です。戦後、近隣の木之本町杉野谷でおこなわれていた記録があり、植林の前に火入れをする（地拵え）と初期の除草の手間が省け、スギの成長がよかったとのことです（賀曽利1983）。

焼畑地として川に落ち込む斜面草地（「クサワラ」「カヤバシ」）がもっともよく利用されていたことも大きな共通する特徴です。余呉は多雪地帯（余呉町誌編さん委員会1995）でそうした場所は積雪が上から腐葉土とともにずり落ちてくる雪崩場になり、木が成長せずススキ優占の草地になります。そのために伐開が容易で、中河内のように女性だけで焼畑をすることもできたし、焼畑にしても地力の回復が早く、数年から10年で焼畑が繰り返せます（本書第10章、黒田ら2021）。ですから、土壌が崩落しない限界（余呉では36度ほど）の斜面が長期的には理想的な焼畑地になります。このような積雪を利用する焼畑は北陸から東北にかけて日本海側で広く見られます（野本1984）。

しかし、摺墨では雪崩場以外の焼畑もありました。永井邦太郎さんは、1958年頃に養蚕を終えるまでヤマグワ畑を近山に設け、樹勢が衰えたヤマグワ畑を伐採・火入れして3年間作付し、その間に再生したヤマグワを育て4年目からクワ畑として7年ほど養蚕に使いました。そして再び火入れして10〜15年のサイクルで山中のクワ畑を焼畑にしました。鷲見の久保さんも養蚕用に50aもっていたクワ畑を同じように焼畑にもしましたが、メインの焼畑は中河内と同様、斜面草地だったそうです。

3集落間での焼畑のパターンの違いは、生態環境と生業の違いに関連づけることができます（表1）。中河内と鷲見では山林が広く炭焼きがさかんでした。中河内では炭焼きと焼畑が男性と女性に分業され、女性が手鋸と鎌だけで伐開できる雪崩場のススキ草地を焼畑にし、3年ほど作付した後、3〜4年の休閑でま

表1　1960年頃の余呉3集落の焼畑

	中河内	鷲見	摺墨
焼畑地	雪崩場草地	雪崩場草地	雪崩場草地・クワ畑
作　物	1年目にソバ・ダイコン・ヤマカブラを同じ畑に作付。2年目以降にアズキ・エゴマ。	1年目にソバ畑とダイコン・ヤマカブラ畑を別々に作った。2年目以降にアズキ・エゴマ・イモ類。	1年目にソバ・ダイコン・ヤマカブラ。2年目3年目にアズキ・イモ類。
担い手	女性（男性は炭焼き）	家族	家族
作付期間	2～4年	3～5年	クワ畑の場合：3年
休閑期	3～4年	6～7年	クワ畑の場合：7年以上
鍬打ち	播種の前後に浅打ち	ダイコン・ヤマカブラ畑は播種前に浅打ち、ソバ畑は深打ち	クワ畑の場合：播種の前に深打ち
ヤマカブラの形状	やや扁平な丸、中も赤	まん丸、中は白で赤い斑点	台形、中は白で赤い斑点
備考		久保氏からの聞き取り	永井氏からの聞き取り

注1：焼畑での雑穀栽培は1955年以前に消滅した。摺墨のクワ畑は焼畑にした後、再生したクワの葉を養蚕に利用した期間が焼畑の休閑期に当たる。このやり方は1958年ごろに養蚕がなくなって消滅したが、焼畑はその後10年ほど続けられた。

注2：摺墨についてはソバとダイコン・ヤマカブラを同じ畑に植えたかどうかは未確認。

出所：本研究で作成。

た焼畑にしていました（本書第10章）。一方、鷲見の久保さんは炭焼きをしながら焼畑にも取り組み、ススキ草地の休閑期を6~7年間とってカブ・ダイコン畑の場合は4~5年間、ソバ畑の場合は3年間作付しました。中河内の例から地力回復には3~4年の休閑で十分とわかりますが、3年ほど長くとって作付けを1~2年延ばしたのです。ススキも根を張れば刈るのも起こすのもきつい作業になりますから、中河内では軽作業ですむよう休閑期を短めにとったと考えられます。一方、鷲見は人口が少ないので（1961年で中河内は72戸328人（うち出村の半明12戸）、鷲見は20戸101人）（東洋大学民俗研究会1970）、焼畑の草地に余裕があり[2]、山仕事に慣れた男性が作業したので、根を張ったススキがあってもより肥えた草地を焼畑にしたと考えられます（ただし、久保さんのやり方が鷲見で一般的だったかどうかは不明です）。

これらに対し、摺墨の山林は小さいので炭焼きより養蚕に重点を置き、クワ畑を焼畑に繰り込むやり方が出てきたと思われます。中河内では養蚕はしていません。これは日本海との分水嶺直下にあって一段と雪が多く、クワの枝が折れてしまうためと推測できます。鷲見と摺墨でクワ畑が可能だったのは比較的雪が少なかったからでしょう。また、中河内と鷲見で作付の最後に植えたエゴマを永井さんは植えませんでした。エゴマは吸肥力が強く土壌をいっそう貧困にするのでクワの成長に差しつかえるからでしょう。

中河内の焼畑ではイモ類を栽培していません。焼畑の標高は、中河内が420~550m、鷲見が300m、摺墨が250~300mの辺りになります。鷲見・摺墨より北にある中河内の焼畑が100m以上高地にあるので、イモ類を栽培しても出来がよくなかったのかもしれません。イモ類を栽培するには鍬打ちを深くする必要があります。鷲見ではソバとダイコン・カブの畑を分け、イモ類は深く鍬打ちするソバ畑の3年目に植えました。摺墨ではクワ畑の火入れ後、カブの播種前に10㎝ほど深く鍬打ちしました。一方、中河内ではソバもダイコン・カブも同じ焼畑に植え、播種前後にかるく鍬打ちするだけでした。この違いもイモ類の栽培の有無に関連します。

3 中河内での焼畑の基本技術

この節では、とくに中河内での焼畑技術を手順に沿って述べます(本書第10章も参照)。

適地

聞き取りでは、礫混じりで腐植土がたまって草が色濃く茂っており、西日が当たる斜面草地かヤブがよく、焼畑が可能かどうかは休閑期間より草木の茂りぐあいで判断しました。焼畑に使用されていた草地の傾斜を地図と斜度計ではかると、およそ32〜36度になります。それ以上になると表土が崩れてきます。焼畑の適地と教えてもらった場所には、ススキ、シシウド、イタドリ、ヨモギ、低木のウツギ、ガマズミ、ササ（イブキザサ）などが生えていました。これらは白山から東北にかけて焼畑適地の指標植物（橘1995）と一致します。ミゾソバ、スゲが覆っている場所は水脈があり痩せ地で焼畑に向きません。

私たちは川そばの斜面の草地か低木と少数の高木が混じったヤブを伐採して焼畑にしています。土壌は礫混じりで黒褐色ないし褐色です。東向き斜面も焼畑にしましたが、午後2時過ぎから多くが日陰になり、西向き斜面より出来が悪くなります。ササ原斜面も適地ですが、ササは火力が強く刈った量をそのまま燃やすのは危険とわかりました。2020〜21年はススキ草地になった耕作放棄地も使っています。平地なので溝を切って水はけを良くしていますが、カブの水気がやや多くなり味に影響しています。ただし、その評価は人により善し悪しが分かれます。

伐採

草地やヤブは火入れの2週間ほど前に刈ります。草を刈るのが早すぎると、雨に打たれて地面も草も水を吸ってかえって燃えません。参考に鷲見の久保さんの労働力を記すと、手刈りで1〜2aの刈り取りに1人で半日、10aには3〜4日かかっていました。中河内では木があるときは男性が火入れの1か月以上前に伐採しました。枝は小切りして燃えやすくします。燃やす草木を「燃え草」と呼びます。

火入れ

火入れは1年目についてはに夏おこないました。伐採時に上側と横側の1・5～3ｍほどを掻き下げて地面を出し防火帯にします。天候次第で朝か夕方4時頃に火を付けました。上方の風下隅から火を付け、ゆっくり燃え下るようにします。類焼しそうなときはスギの生葉がついた枝や青いススキの束で叩く、土をかけるなどしました。ただし、燃草が湿って火勢が弱すぎる場合は下端に近いところから火を付けることもあります（逆焼き〔さかやき〕）。燃え残りを燃え残った場所やススキの株上で燃やし片付けます（コッヤキ）。残ったススキの株は鍬で叩いてカブを播き、ダイコンを植える場合は株を掘り起こしました。雑穀をつくっていた時代には、2年目、3年目の畑で春にまわりから燃え草を集めて火入れをして植えました。

種まきと鍬打ち

カブもダイコンも薄播きして、間引き回数を減らします。密植や重なる間引きは野菜を傷め病気にかかりやすくします。中河内では土が冷めてから種を播きましたが、東北や白山麓では地面が熱いうちに播種します。カブの種は地面が熱い状態で播くと発芽率が高くなり（江頭2007、本書第11章）、余呉の菅並ではカブの種は土が温かいうちに播くこともありました（竹本1991）。私たちはこれに倣い、火入れ後数時間で播種しています。

火入れ後の鍬打ちは、私たちは最初、摺墨の永井さん流に深く打つのに倣いましたが、土壌流出を防ぐため、現在は中河内のように浅打ちしています。鍬打ちは灰と焼土効果による肥料を土に混ぜて流れにくくします（鈴木2012）。

除草と間引き、収穫

かつては丁寧に草やツルの根を取っていたので、1年目も2年目も除草は1度か数度ですみました。昔も今も、カブ・ダイコンは11月にすべて収穫します。しかし、永井さんによれば、放置したカブは雪中で太り翌春に収穫できます。(3)

作り回しとカブ・ダイコンの植え方、休閑期の利用

中河内では1年目に肥料を多く要する順に、一番下にダイコン、中にカブ、上部にソバを植え、ノウサギの食害が起きたときは、ダイコンを中にして周りにノウサギが食べないカブを植えていました。アワとヒエは1955年頃まで、2年目の焼畑を5月に焼いて植えました。作付は次のとおりで、2年か3年で止め、そのあと出てくるフキやワラビ等の山菜を採取しました。

［1年目］カブ・ダイコン・ソバ→［2年目］アズキかヒエかアワ→［3年目］アズキかエゴマ

ヤマカブラの種採り

余呉では、カブの下4分の1ほど切って（下切）植え直して採種すると他のアブラナ科の Rapa 種野菜（ナノハナ、ハクサイ、ミズナなど多数ある）と交雑しないと言われていました。(4) 翌春、薹頂の花があるうちに刈り取って陰干しします。下切による種採り法は江戸初期の農書である『百姓伝記』に見えます。私の実験では、

4分の1の下切では何ら変化がなかったのですが、下半分ほどを切り取ると開花が早まり他のRapa野菜の開花までに大半が結実して、交雑が防げる結果になりました（黒田2014）[5]。つまり、下切には根拠があるのです。下切でカブの硬さや中の色がわかることが重要です。中河内の女性は「根切りして中が赤いものを選び、ハタケに植え、翌年種をとった」と言います[6]。中が赤いヤマカブラは堅い傾向がありますが、中河内の女性たちは下切して中まで赤くかつ柔らかい個体を種採り用に選んで独特のヤマカブラを維持してきたのです。

今のヤマカブラは各集落で形状と内部の色が異なっていたヤマカブラが交雑して多型になっているため、私たちはもとの形態に分離して戻す試みをしています（本書第12章）。

4 焼畑を受け継ぐための作業の留意点と改良点

焼畑を現代の生活に組み入れるには、土地利用の持続可能性をより高めること、労働のいっそうの軽減化と収益性の確保が必要になります。私たちが実践から得たこれらの課題に対する回答を簡単に記します。

土壌流出の最少化

焼畑は斜面を裸地にするため土壌流出が少なからず起こります。これは焼畑が非難されてきた理由のひとつです（農林省1936）。実際、私たちが焼畑を始めた2007年、大雨が降ると浸食の溝（リル）が発生し、種も流れて追い播きが必要になりました[7]。これへの対応策で、近年は、斜面の草木の根起こしは火入れに支障ない程度にとどめ、地表に走るツルの根を残し、鍬打ちも灰と土を混ぜる程度にしています。その効果は高く、例えば、２０１９年は斜度約35度の焼畑で、火入れ直後に2日間で68㎜、4日おいて4日間で１２２㎜の降雨がありましたが、リルは発生していません。等高線沿いに浅く溝を切るのも効果があります。草木の根と同様に斜面の足場にもなります。もちろん、植生の回復も早いです。そのかわりイタドリ・ヨモギ・ワラビなどが作物より早く葉を広げてきます。本数は多くはなく、数回の簡単な刈り取りで十分です。

火入れを効果的に安全におこなう

私たちの焼畑は8月上旬の火入れしかおこなっていません。地面と燃え草の双方をよく乾かすためには、燃え草を帯状に寄せて地面を乾かす、燃え草の天地返しと地面から浮かせるなど措置をします。ただし燃やすときは燃え草と地面との隙間をなくします。火入れ前に上端と左右端の上部をトタンでコの字に囲み、消火ポンプを用意します。トタンはあとで獣害防止の囲いになります。この防火法は永井さんに教わりました。火入れは、防火帯の幅を増やす要領で上端と風下側の横端上部を先に燃やしながら、火がほぼ横ならびで下りるようにします。火勢が強くなると炎が舞い高温と煙で防火作業もできなくなるので、燃え草を過大に集めず、火勢が強くなり過ぎたら散水して火勢を抑えるか、早めに下方から迎え火を打ちます。コツヤキを1か所でおこなうと土が焼け過ぎ、灰も過多になって作物が育ちません。焼けていない場所に適時移動させます。また、炭や熿炭状態で残った燃え草は炭素固定にもなりますから、燃やしきる必要はありません。

火入れで事故が起こっているのは春の平地草原の草焼きです。空気も草木も乾燥していて燃えやすく、平地で燃えさかる火は予測不能な方向転換や広がり方をしてコントロールができなくなります。平地で春焼きの焼畑をする場合は、消火ポンプを備え防火帯を広くとって数a以下の規模でおこなってください。

収穫の安定化

カブ・ダイコンは必ず8月下旬以前に播くこと。ただし、早すぎると旱天で水不足になると全滅します。薄播きを心がけ、間引き菜の利用や大きくなったものから順次収穫する方法を採る場合でも厚播きしません。苗が密生すると病気が発生しやすく、成長も止まってしまいます。成長が止まると回復しません。獣害がある地域ではトタンで畑の四方を囲ってその上に電柵を張ります。播種後の数日後にコオロギが目立つようなら粘着式ゴキブリとりを仕掛け、食害防止にします（本書第11章、12章）。

斜面草場の利用と今後の課題

斜面では雪崩場でなくても下部に腐葉土がたまることと排水が良いため、草地やヤブであれば軽作業で可能な焼畑の適地になりますから、全国どこでも活用できます。私たちは２０１９年から2年目、３年目の畑地で雑穀栽培を開始し、より長期の土地利用を試みています。加えて温暖化で雪崩場の効用が薄れる可能性があり、今後は休閑期の植生回復を早める方法として作物にアズキ、放棄後にヤマハンノキなど窒素固定ができる種の植栽が必要になると考えられます。また、燃え草を燻炭や炭として残す効果の評価や、経済性を増すため作物の多様化も試したいことです。以前にシュンギクやルッコラを植えたところ、おいしいと高い評価をえました。かつては焼畑に工芸植物や薬樹、薬草を植え、放棄後にも長期的に村に富をもたらす手だてとしていました。中河内ではキハダを植えた人がいました。これらのことも今後の課題です。

注

（1）奥丹生谷にある鷲見集落出身の久保吉郎さんは、１９８０年代まで余呉町東野から廃村になった鷲見に通って焼畑を続けていました。

（2）久保さんは焼畑のローテーション用に斜面草地を5反歩もっていました。

（3）永井さんは、「カブは雪の下でも太る」と言い、久保さんは逆に「雪の下では堅くなって割れる」と言います。私の経験では、取り残した小ぶりのヤマカブラを雪解けあとで収穫すると大変おいしかったです。おそらく、久保さんは雪解け水がたまる焼畑の下部に残ったカブの場合を言ったのではないかと推測しています。水分が多いと裂けて堅くなるからです。

（4）カブは自家不和合性をもち、白カブ、ミズナ、ハクサイなど近縁品種や同種の野菜と容易に交雑して原型を失います。これを防ぐために温海カブや日野菜の原産地では交雑する野菜の栽培を禁止しましたが、余呉ではヤマカブラの交雑を避けるために下切して種取り用として植え直すだけでした。下切は秋田県にかほ市のカノカブ産地でもおこなわれていました（黒田２０１４）。

（5）薹頂に花が付いている状態で切り取れば、熟成している種子は早く開花して自家受粉したものである確率が高まります。この方法は百姓伝記には記述がなく、由来は不明。

（6）他集落のヤマカブラは中が白く赤い斑点があります。

（7）最初期２００７年8月末の28日からの４日間に16～35㎜ずつ計１１７㎜の降雨があり、リルが何条もできて種が流れ追い播きを二度しました。これに対し２０１９年8月では、15日20㎜、16日48㎜で計68㎜、20日から23日までに５～51㎜の計１２２㎜の降雨がありましたがいずれでもリルは発生せず、種も追い播きするほどは流れませんでした。

参考文献

江頭宏昌（２００７）「山形県の在来カブ――焼畑がカブの生育と品質に及ぼす効果」『季刊東北学』11、１０６～１１６頁

賀曽利隆（１９８３）「滋賀県湖北地方 姉川水系上流部の焼畑」『日本観光文化研究所研究紀要』3、12～21頁

黒田末寿（２０１４）「滋賀県余呉町に伝わる焼畑ヤマカブラの採種法、「下切り」について」『生態人類学会ニュースレター』20、29～31頁
黒田末寿・島上宗子・増田和也・野間直彦・鈴木玲治・今北哲也・大石高典（２０２１）「積雪地域の斜面草場を利用した焼畑――雪と女性が支えた焼畑を見なおす」『生態人類学会ニュースレター』27、40～45頁
鈴木玲治（２０１２）「焼畑研究から焼畑実践へ――実践を通じてみえてきたこと」矢嶋吉司・安藤和雄編『ざいちのち――実践型地域研究最終報告書』85～98頁、京都大学東南アジア研究所実践型地域研究推進室
竹本康博（１９９１）「湖北の焼畑と赤蕪」『民俗文化』３３２、３７１６～３７１８頁
橘礼吉（１９９５）『白山麓の焼畑農耕――その民俗学的生態誌』白水社
東洋大学民俗研究会（１９７０）『余呉村の民俗――滋賀県伊香郡余呉村』東洋大学民俗研究会
農林省山林局編（１９３６）『焼畑及切替畑ニ関スル調査』農林省
野本寛一（１９８４）『焼畑の民俗文化論』雄山閣
余呉町誌編さん委員会（１９９５）『余呉町誌　通史編下巻』余呉町役場

暮らしを支えた「原野」――女性たちの語りにみる焼畑と山の草地利用

愛媛大学
島上　宗子

1　「焼畑は女の仕事」？

私たち「火野山ひろば」は2007年から滋賀県長浜市余呉町中河内の山裾をお借りして焼畑し、余呉在来のヤマカブラを栽培しています。地元の方々も火入れ作業や交流会に参加されていますが、主に参加するのは男性で、女性が前面に出ることはほとんどありません。

焼畑ではやはり男性が主役なのか、と思いながら、交流会準備の台所で女性たちのおしゃべりに加わっていると、焼畑に関する経験談が次々と出てきました。「あんたら、（火入れ直後の土が）熱い熱いときに播いてるけど、種が炒れてしまうがな」「種播いたら、ちゃんと（鍬で）打たなあかんで」「キワラはあかん。草のほうがええ」等々。聞くと「焼畑は女の仕事」なのだといいます。

かつて焼畑は主に家族単位で行われ、多くの地域で女性も大きな役割を果たしていました。しかし、「焼畑は女の仕事」だという地域は多いとはいえません（黒田ほか2021）。中河内の女性たちの話を聞き集めるなかで、私たちを驚かせたのは、木々が優占する「キワラ」よりも山裾斜面の「クサワラ」（草地・原野）が好まれ、種播き前後の耕起（畑打ち）が重視され、休閑期間も3～4年と短い、中河内の焼畑のあり方です。周辺集落とも微妙に異なる実践と知恵の数々は、焼畑がその地の環境やその時々の暮らしのあり方に対応して形作られ、きわめて多様であることを教えてくれます。

本章では、中河内でかつて焼畑を実践していた主に80歳代以上の女性、とくに１９２５年生まれの中村かよさんの語りを中心に、中河内で行われていた焼畑の特徴を描きます。かよさんの時代の中河内の焼畑は、主に女性たちによる山の草地利用の一つとして暮らしを支え、半自然・「半栽培」的空間としての草地・原野が大きな意味を持っていたことを示します。

2 余呉町中河内

雪深い山間の元宿場町

中河内は滋賀県の最北端、福井県との県境に位置する山間の集落です。集落と田は標高約３８０～４８０ｍの川沿いに位置し、その両脇に６００～８００ｍの山々が連なっています。冬に降水量が多くなる北陸型の気候にあり、雪をふくむ年間降水量は約３０００㎜、最大積雪深は平均２ｍを超える豪雪地帯です。

江戸時代には、鳥居本（滋賀県彦根市）から今庄（福井県）を結ぶ北国街道東近江路の宿場町として栄え、中河内には彦根藩の本陣、脇本陣、問屋が置かれていました。旅籠、見付屋、扇屋、飯屋、米屋、酒屋、篭屋などが軒を連ね、１２０戸が暮らしていたといいます（ふるさと中河内編集委員会１９９８）。

明治に入り、敦賀と長浜を結ぶ鉄道の開通（１８８４年）、集落を襲った二度の大火（１８９９年と１９０１年）を経て、宿場としての賑わいは徐々に失われ、村人の生業は宿場町に関連したものから、広大な山林を活かした薪炭業へと移行していきました。

広大な山林を活かした薪炭業

中河内の面積は約2800ha。その9割以上を山野が占めています。その山野の約8割は中河内の人々が共有する「ムラ山」です。明治以降の町村合併や入会林野整備により、ムラ山の登記上の位置づけは変化しましたが、実質的には中河内の共有財産として利用・管理されてきました。

宿場町が賑わいを失いはじめた19世紀末から1960年代頃までの中河内の暮らしを支えたのは山林、とくにムラ山での炭焼きです。1915年に中河内小学校校長によって作詞され、今でも住民の多くがそらで歌える「郷土歌」は次のように歌っています。

「所は近江の北端の　中の河内の物語　二度の不幸に遭遇し　今は家並みあしけれど
昔はここも宿場にて　繁華な時もありしなり　地域は広く二里四方　田地は四十有余町
その他は山と林にて　これよりいづる木炭は　年々およそ五万俵　これぞこの地の財源で
人口およそ五百人　戸数はみなで九十軒　一家の如く和合して　協同事業も数多く
ここに建つる学校に　通う児童は八十余（以下、略）」

歌によれば、1915年頃の人口は約500人（90戸）、主な財源である木炭産出量は年に約5万俵（1俵約15kg）。全戸が炭を焼いていたと仮定しても1戸あたり年550俵あまりの計算となります。しかし、収入の柱であった炭の生産量は、燃料革命により、1960年代後半から急速に減少します。人口も減少の一途をたどり、2021年現在、25人（19戸）となっています。

1960年頃からスギの造林が一部進められましたが、近年の主な山野利用は、民間スキー場への土地の貸出などです。

水田と併存する、夏焼きの小規模な焼畑

炭が主要な収入源であった時代、中河内の男性たちは主に炭焼きに従事し、川沿いの水田や山裾の焼畑での作業は主に女性たちが担っていました。焼畑は、水田での作業が一段落した8月に火を入れる夏焼きで、自給用のダイコン、ヤマカブラ、ソバ、アズキ、アワ（モチアワ）、エゴマが輪作されていました。規模は小さく、聞き取りから1戸あたり3～5畝程度であったと考えられます。

佐々木高明は、日本の焼畑を経営方式の違いからいくつかの地域的類型に整理しています。田地に乏しく、雑穀・イモ・ムギ類などの主穀作物栽培に重点をおく「主穀生産型」焼畑（アラキ型）が、大規模で春焼きがメインであるのに対し、水田農業と深い結びつきを持ち、水田耕作の農閑期にあたる7～8月に夏焼きする焼畑（カノ型）は、水田の「補助耕地」としての機能をもち、小規模であることを特徴としてあげています（佐々木1972）。中河内は後者の特徴をもつといえます。

中河内でかつて焼畑はどのように営まれていたのか。次節では女性たちの語りから具体的にみていきたいと思います。

3 女性の語りにみる中河内の焼畑と山の草地利用

中河内で焼畑を経験として知るのは主に昭和一桁世代（1930年代前半生まれ）までであり、昭和二桁世代になると、親がやっているのを見ていた、手伝っていたが若い頃は村外の工場に働きに出ていたという人が多くなります。焼畑について聞きたいのであれば、と紹介されたのが、1925年（大正14年）生まれの中村かよさんです。

かよさんは、中河内の北端の集落（栃ノ木峠）に生まれ、18歳で中心部の中河内集落に嫁入りしました。嫁入りした中村家は、かつて脇本陣がおかれた家であり、1956年の大火で焼けるまで姑は旅館を営んでいました。夫は中河内小学校の教師で、田、焼畑、常畑などでの農作業はかよさんが担い、2人の息子を育てました。嫁入り後も2㎞あまりを歩き、親元の田畑のある栃ノ木峠の近くで田を耕し、田の草肥とする刈干や青草を山野で集め、焼畑をしていました。60歳頃、つまり1985年頃まで焼畑をしていたとのことです。以下、2015～2020年にかけて伺ったかよさんの語りを中心に、かよさんの時代（1940年代～1985年頃）の中河内の焼畑のあり様を描いてみます。

焼畑の適地

「なるいところがええんや。きつい斜面は打ったかって土が落ちますやろ。なるい山の腰を刈ってヤキバタしたんですわ。自分の持前でええとこがあれば、自分の山で刈りますし、ええとこがないと、ムラ山のええとこをね。昔は、6月の田植え前に草刈って田んぼに入れてたさけね。（ムラ山の）草の口っちゅうのがありましたんや。6月のかかり（初旬）になると、ここがええな、と思うと、ここはうちがハタケしますっちゅうて、ススキをまるめて、早いもん勝ちでとっときますねん」。（かよさん）

「山でも、石原やけど、崖のある、急な山はあかん。なるいほうがええ。木はたまにあるけど、キワラはあかん。草がよい」。（Kさん、昭和8年／1933年生まれ）

「痩せた草の色は薄い緑でっしゃろ。よう肥えた色は黒い緑色になりまっしゃろ。それをみます。フルセがようけ重なってまっしゃろ。柔らかいですわ。痩せてるところは固いけど。そんなゴミのようけたまってるところは、歩いても足がはまるくらい。そういうところがようできます」。（かよさん）

どんなところが焼畑によいのか、尋ねたときの女性たちの語りです。焼畑適地とみなされていたのは、（1）礫まじりの山のゆるい（なるい）斜面、（2）木より草（ススキ、イタドリ、ヨモギなど）が優占している、（3）濃い色の草が多く生えている、（4）枯れた葉や草（フルセ、ゴミ）が積もり柔らかいところだといえます。[1]

中河内の休閑期間は3～4年と短く、キワラよりもクサワラが好まれました。[2] 木がある場合は男性が斧で伐ったが、炭焼きでそうそう手伝ってはもらえず、女性も鋸で挽き倒したといいます。女性にとっては大変な作業だったようです。かよさんは、焼畑を「ヤキバタ」「カリバタ」「ヤマバタケ」あるいは単に「ハタケ」と呼びます。「焼く」こととともに「刈る」ことが強く意識されていたことがうかがえます。

個人所有の山に適地が見つからないときは、ムラ山で適地を探し、隅のススキをまるめて場所取りがされました。ムラ山には草刈をはじめてよい「草の口」（6月1日頃）があり、口開けになると女性たちはムラ山に入り、田に入れる青草を刈りつつ、焼畑適地を見定めました。「草の口」の存在から、当時いかに草が重要であったかがうかがえます。ムラ山は村人であればどこでも使えましたが、かよさんは、嫁入り先の周辺はムラ山の境界がわからないとの理由で、2㎞ほど離れた実家近くのなじみのあるムラ山を使っていました。

山刈り、火入れ、コツヤキ

かよさんは、7月20日頃になると、焼畑の準備、山刈りに取り掛かりました。大きな木は伐り倒して土手に出し、木の枝の燃えやすそうなものだけを細かくしてまんべんなく散らします。草は刈り、うまく地べたが燃えるよう、20日程度乾かします。カヤ（ススキ）は鎌の刃が土につくようにして根元から刈ります。カヤの刈り株は唐鍬でこんこんとよく叩き、とくにダイコンを播く箇所はなるべくツルハシで起こしました。焼畑の周囲は燃えひろがらないよう、幅2～3m程度、地面がみえるまで草を刈りよけます。

お盆前までに火を入れました。朝は湿っているので火入れは夕方3時半から4時頃。家族だけで（かよさんは実家の母と2人で）斜面の尾根側から火をつけました。必ず鍬と鉈と鎌を持っていき、燃えひろがりそうで危ないと思ったら、縁(ふち)の土を鍬ですくって火にかけたといいます。

燃え残った木や草は、ハタケの中に寄せておき、翌日の午後、乾いた頃に火をつけてコツヤキしました。大きくて起こせなかったカヤ株は、その上でコツヤキし、カヤ株まで焼けるようにしたといいます。

種を播く、打つ、さわげる

火野山ひろばでは午前中に火を入れ、午後ヤマカブラの種を播いたら軽く土をかけ、1日で作業を終えています。これを見た女性たちからは「土が熱いときに播いたらあかん、ちゃんと打たなあかん」と繰り返し指摘されてきました。かつての中河内では、火入れ、コツヤキ、種播きに約3日をかけていました。種播きの際、とくに強調されるのが「打つ」作業です。「まず種播いて、それから打ちますねん。トングワ（唐鍬）で下から順番に打ってあがっていって、それから上から草の株やら、木の根っこやら、さわげて降ろしてきます」。「さわげる」とは、唐鍬を寝かせて土の面をなでるようにして打ち起こした根や株などを集めてくる作業です。

女性たちの指摘を受け、２０２０年の焼畑ではカヤ株を打ち起こす区画をつくってみました。土地の履歴や打つ深さなどが関係していたのかもしれませんが、うち起こした区画にエノコログサが多く生え出る結果となりました（本書第14章）。

焼畑でのカブ播種では、耕起の有無や深さについて地域ごとに細やかな知恵がみられます。たとえば、江頭によれば、山形県鶴岡市の温海カブの栽培では「灰が熱いうちに播け」との言い伝えがあり、火入れ後できるだけすぐに播種したら耕起はしないそうです。一方、尾花沢市の牛房野カブでは①耕起→播種、②播種→耕起（耕起の深さは5～10㎝ほど）の両方が行われており、干ばつの年ほど①の方法で行うべきだといいます。また、鶴岡市の宝谷カブの場合も播種後、５㎝ほど耕起するそうです（江頭２０１１）。

また、民俗学者・山口弥一郎は、１９４３年の牛房野での調査から、火入れの翌日早朝、種まきの前に行う「かのうなひ」が大変な作業であったことを記しています。唐鍬でできる限り浅く、2～3寸の深さにとどめ、あまり丁寧に「うなふ」とよくできないのだそうです（山口１９７２＝１９４４）。福井県美山町河内の焼畑でも播種後軽く耕起して雑草の根等を取り除くとの記録があります（玉井２０１０）。播種のプロセスだけでも地域の状況に応じて微妙な違いや工夫があることがわかります。

なお、かつての中河内では、斜面の下から順にダイコン、カブラ、ソバを播くことが多かったといいます。近年は焼畑のヤマカブラへ注目が集まっていますが、かつてはとくにダイコンが重要であったようです（賀曽利1983）。

収穫、食べる、種を採る

播種後は施肥も除草もせず、ダイコンとカブラの間引き作業のみで、10月の終わりから11月初旬にかけてダイコン、そしてカブラを収穫。1週間ほど軒下で干した後、ダイコンは四斗樽、カブラは二斗樽に小糠と並塩で漬けこんだそうです。ダイコンの葉は切漬にしてエゴマとあえて食べ、カブラは漬物の他、小さいものは葉付のまま塩茹でしたり、大きなものはくりぬいて米と水を入れて炊くなど、おやつ・おかずとして食べたといいます。

11月の半ばにはソバを収穫。山で数日干したら、叩いて実だけ持ち帰り、残りは山にばらまいたといいます。翌年の5月、そこに火を入れ、アワを播種。火を入れると打つのが楽になるからだそうです。アワは米と一緒に炊いてアワメシにしたり、餅にして食べたといいます。

余呉のヤマカブラは集落ごとに異なる特徴がみられます。中河内では、温州みかん程度の大きさの扁平の丸型で、赤味の強いものが好まれる傾向がありました。

「昔の河内のカブラは真っ赤やったさけ、茎が赤くなくても、中が赤いの。かっこのええ、中の赤いのを毎年吟味して種を採ってたの。ちょっと切ったらわかります。中の筋が赤いさけ。根を切って畑に植えとき

ますねん。そうすっと根が出て、春にはとうが立って種が採れます」。（かよさん）

中河内では、形がよいと思うカブラの下部を切り、中が赤いものを選び、家の近くや畑に植え直して、翌春、種を採っていました。黒田はこの採種法を「下切」とよび、交雑を避けながら、よりよい個体を選別して種をつなぐ在来の知恵と評価しています（黒田2013）。

焼畑のサイクル

「1年であらしてしまってもったいない」。これも女性たちから繰り返し受けた指摘の一つです。私たちはヤマカブラを収穫したら、翌年は場所に移し、焼畑2年目の土地は休閑させていたためです。

かつての中河内では、毎年新しいハタケを拓くが、一度拓いたハタケは3～4年作りまわした後、3～4年休閑させるサイクルがとられていました。かよさんのハタケの作りまわしの概要は次のとおりです。

1年目にダイコン、カブラ、ソバを播き、収穫したら、2年目のハタケ（アラバタケ）には5月に火を入れ、アワを播種します。アラバタケに播いたアワは「キツネの（尾の）ようなええ穂」をつけたといいます。秋にアワを穂刈し、3年目の5月、可能であれば火を入れ、アズキを播種し、秋にアズキの莢のみを収穫。四年目のハタケ（フルバタケ）には5月にエゴマを播くか、あらした（休閑させた）といいます。フルバタケは焼くことも打つこともしなかったそうです。

焼畑は種を播いた作物に加え、火入れ翌春に芽吹くワラビ、コゴミ、アザミ、ヨモギ（ヨゴミ）、葉ワサビ、あらして1年か、2年すると芽吹くハタケフキなど山菜の「半栽培」的採取の場でもありました。すなわち、種を播いて「栽培」するわけではないけれど、火を入れ、草を刈るなど手をかけることで野草や山菜の芽吹きを促し、採取しやすくしていたといえます。ハタケフキは根をうかさずに刈れば何年でもとれ、自分で焼いたハタケでなくても、自由に採ることができました。

暮らしを支えた山の草地

田に踏み込む青草刈りに山へ入った際に、焼畑適地を見定めていたように、女性たちの焼畑は、草刈、刈干、萱刈、山菜・野草採りなど山の草地利用の一つとして連続性を意識したほうがより理解できるように思います。

かよさんは、毎年3〜5畝の焼畑を拓く他、集落近くの平地に拓いた常畑（ダイラのハタケ）と2か所の田（計3〜4反）を耕し、田に入れる草肥として刈干と青草を山で刈り集めていました。刈干は、7月末から8月初めに焼畑後2〜3年休閑した場所などでススキ、ヨモギ、ハコベなど約50束を刈って田の近くに積み、翌年5月に田に踏み込んだといいます。青草は5月末から6月にかけて約20〜30束刈り、直接田に踏み込みました。１９５６年の大火で茅葺の民家は中河内から姿を消しましたが、それまで茅刈は女の重要な仕事でした。春には山でリョウブ（ヨボ）の若葉やヨモギを摘み、米に混ぜ、糧飯にして食べていました。金肥が入る以前、草肥を集め、主食を補い、山菜を楽しみ、カヤも得られる山の草地はきわめて重要だったといえます（表1）。

焼畑をめぐる聞き取りの中で、かよさんが最も口にした言葉は「草」であり、「刈る」でした。女性たちは山裾に定期的に火を入れ、刈り続けることで、暮らしを支え、山の恵みを得る空間として、山裾の草地（クサワラ）を維持してきたといえるのでしょう。

4 「原野」の価値を見直す

焼畑をめぐる中河内での実践と女性たちへの聞き取りは、私たち火野山ひろばが、無意識のうちに狭い焼畑イメージ――木の伐採、長期の休閑、男性主体の作業――に縛られていたことに気づかされるとともに、山の草地・原野の重要性を再確認する契機となりました。

中河内の女性たちが「クサワラ」と呼んでいた空間は、草だけではなく、低木やササなども含み、地目上は「原野」（あるいは「森林以外の草生地・野草地」「荒地」など）と呼ばれる空間だといえます。かつて原野は、中河内に限らず、全国の村々で、人為的な火入れによって維持され、肥料や飼料、燃料や様々な素材を地域に供給する貴重な地域資源でした。しかし、林材を生産する森林こそが「資源」だとみる林政のもと、原野は「荒廃」と結

表1　中村かよさんの主な山の草地利用

主な山野利用		主な収穫・採集物	主な作業	主な場所
焼畑（ヤキバタ・カリバタ）	1年目	ダイコン、カブラ、ソバ	【6月】（草刈の際などに）適地をきめる 【7月】伐開【8月】種播き【11月】収穫	・山裾の緩い斜面 ・自前の山でよい場所がない場合は「ムラ山」で ・「キワラ」でもやるが「クサワラ」のほうがよい
	2年目（アラバタケ）	アワ、アズキ 野草・山菜	【5月】芽吹いた野草・山菜を採取。可能なら火入れ軽く畑打ちし、種播き 【10月】収穫	
	3年目	アズキ、 野草・山菜	【5月】可能なら火入れ。軽く畑打ちし、下旬から6月初めに種播き 【9月】収穫	
	4年目（フルバタケ）	エゴマ （エイ）	【5月】種播き（火入れも畑打ちもしない） 【11月】収穫	
	3～4年休閑（あらす）	ハタケフキ	【6月】1～2年あらすと出てくるハタケフキを採る	
刈干（カリボシ）		ススキ、ヨモギ、ハコベなど	【7月終・8月初】土用のうちに草を刈り、田の近くに重ねておく 【翌年5月】田に踏み込む	・山裾の緩い斜面 ・焼畑休閑2～3年の場所でよい草があれば、それを刈る
草刈（クサカリ）		青草 （イバラ以外）	【6月】草の口が開けたら、ムラ山で草刈り。刈ったらすぐに田に踏み込む	・山裾の急な斜面など
茅刈（カヤカリ）		カヤ （ススキ）	【11月】霜がおりて葉が黄色くなったらカヤを刈る（寺の屋根用に出す）	・自前のカヤバシか、ムラ山

出所：聞き取りから筆者作成。

び付けられ、焼畑地や放牧地の減少、金肥の導入等も相まって、激減していきました（米家2016）。20世紀初頭、国土面積の11%を占めたと推計される原野面積は、近年では1%を切るまでとなり、人の手が入ることで維持されてきた半自然草地（原野）の生態的価値が再評価されています（小椋2012、須賀・岡本・丑丸2012）。

火野山ひろばでは、近山＝里山域での「くらしの森」を構想する中で、火入れによって拓かれ、山から野へ、野から山へ遷移していく動的なプロセスとして「原野」を捉え、山の多様な恵みが引き出される「山里の原点」として位置づけています（今北2012）。中河内での焼畑実践と女性たちの語りは、そうした「原野」の、暮らしにおける価値を、肌感覚をもって教えてくれるものとなりました。山野との関わりがきわめて薄れてしまった今、山野への火入れが拓く様々な可能性を、各地の経験と記憶が伝える細やかな知恵に学びつつ、未来にどう活かしていけるのか、実践しながら模索していきたいと思います。

注

(1) 山口弥一郎が1943年に実施した山形県牛房野の焼畑カブに関する調査報告には、焼畑（カノ）の適地として、「岩屑の深い肥沃な土地」と記載されています。「山はあまり高くないが傾斜は少々急で、風化された岩屑が山麓に堆積して岩錐をつくっている」ところで、「クヅやガザの木が多く生えている所がよい」と言い伝えられているといいます（山口1972＝1944：387頁）。火野山ひろばの中河内での焼畑実践地も礫まじりで、タニウツギ（ガザ）の木がみられました。

(2) 野本寛一は、東北の日本海側や北陸における焼畑に共通する特徴として、焼畑1年目にカブを栽培していること、休閑期間が短いこと、山裾草地に焼畑を拓くことをあげ、山裾草地でもとくに雪の押し出しのある所が好まれ、2年という短い休閑があるのも雪の効用の一つと指摘しています（野本1984：594〜595頁）。

参考文献

今北哲也（２０１２）「火が拓く原野——野から山へ、山から野へ」矢嶋吉司、安藤和雄編『ざいちのち——実践型地域研究最終報告書』京都大学東南アジア研究所実践型地域研究推進室、65～72頁

江頭宏昌（２０１１）「カブと焼畑——山形県を中心に」佐藤洋一郎監修　原田信男・鞍田崇編『焼畑の環境学——いま焼畑とは』思文閣出版

小椋純一（２０１２）『森と草原の歴史——日本の植生景観はどのように移り変わってきたのか』古今書院

賀曽利隆（１９８３）「滋賀県湖北地方　姉川水系上流部の焼畑」『日本観光文化研究所研究紀要』３号、12～21頁

黒田末寿（２０１３）「下切による採種法——ひとつの在地の知を受け継ぐ　その１、２」『実践型地域研究ニューズレターざいちのち』№51、52、京都大学東南アジア研究所実践型地域研究推進室、３頁、２頁

黒田末寿・島上宗子・増田和也・野間直彦・鈴木玲治・今北哲也・大石高典（２０２１）「積雪地域の斜面草場を利用した焼畑：雪と女性が支えた焼畑を見なおす」『生態人類学会ニュースレター』27、40～45頁

米家泰作（２０１６）「草原の『資源化』政策と地域——近代林学と原野の火入れ」『歴史地理学』58巻１号、19～38頁

佐々木高明（１９７２）『日本の焼畑』古今書院

須賀丈・岡本透・丑丸敦史（２０１２）『草地と日本人　縄文人からつづく草地利用と生態系』築地書館

玉井道敏（２０１０）「焼畑と赤カブ——福井県美山町河内の焼畑による赤カブ栽培体験録」『農耕の技術と文化』27、42～65頁

野本寛一（１９８４）『焼畑民俗文化論』雄山閣出版

ふるさと中河内編集委員会（１９９８）『ふるさと中河内』余呉町

増田和也・島上宗子（２０２０）「地域資源としての焼畑実践——地域と外部者がはぐくむ新たな可能性」『農業と経済』86巻６号、81～86頁

山口弥一郎（１９７２＝１９４４）「東北の焼畑慣行」『山口弥一郎選集第三巻　日本の固有生活を求めて』世界文庫、２６５～５１８頁

焼畑と土壌・昆虫・植物

京都先端科学大学
鈴木　玲治

1　実践でみえる焼畑の農学的・生態学的特徴

火野山ひろばでは地元の焼畑経験者の指導の下、余呉町中河内で焼畑を行いながら焼畑の土壌・作物・害虫・植生等に関する調査研究を10年以上継続してきました。本書第1章で述べたように、焼畑は化学肥料や農薬・除草剤が不要な農業とされ、焼畑後の休閑期間には多様な植生の回復が見込めるといわれますが、日本の焼畑ではこのような話を裏付ける農学分野、生態学分野のデータがあまりありません。これらのことを実際に自分で確かめたいと思ったことが、余呉の焼畑実践に関わるようになったきっかけの一つです。焼畑に拓く土地の植生・土壌・地形などの条件は一筆ごとに違い、気象条件も年ごとに変わるため、毎年のように想定外のことが発生します。調査が思うように進まないこともありましたが、数々の失敗も経験しながら多くのことが学べました。

また、余呉の焼畑には毎年多くの学生が火入れや収穫に参加し、私の研究室では卒業論文や修士論文のテーマに焼畑を選ぶ学生も少なくありません。講義で学んだ知識を現場での実践に活かし、試行錯誤を重ねながら主体的に研究に取り組んでくれたおかげで、数多くの知見が蓄積できました。

このような実践に根ざした焼畑研究を通じ、これまでの通説を裏付けるものや、通説とは異なる新たな発見など、色々なことがわかってきました。学術論文で報告できるほど十分なデータがないものもありますが、実践に基づく主観・直観も踏まえながら、焼畑と土壌・昆虫・植物に関わる様々な話を本章にまとめました。

火入れで土壌は豊かになる?

火入れで土壌養分が増えるメカニズム

焼畑では化学肥料が不要とされますが、そのためには火入れで十分な量の草木の灰が加わること、土をしっかり焼くことの2点が大切です。灰にはカリウム、カルシウム、リンなどの養分が含まれているため、作物の肥料となります。また、灰には土壌酸性を矯正する働きもあるので、常畑で酸性矯正のために使われる石灰も焼畑では不要です。しかしながら、灰が加わるだけでは肥料として十分ではありません。灰には植物の生育に欠かせない窒素がほとんど含まれていないからです。焼く前の草木に含まれていた窒素は焼くと窒素酸化物（NO_x）となり、大気中に逃げてしまいます。焼くと草木中の炭素が二酸化炭素（CO_2）になり、大気中に放出されるのと同じです。

窒素を作物に供給する上で大切なのが、2点目の土をしっかり焼くことなのです。実は、焼畑に切り拓く前の雑木林や草地などの土にはもともと多くの窒素が含まれていますが、そのほとんどは土壌有機物の中にある窒素で、作物がすぐには利用できない状態です。焼畑ではこの土壌有機物中の窒素を上手く活用

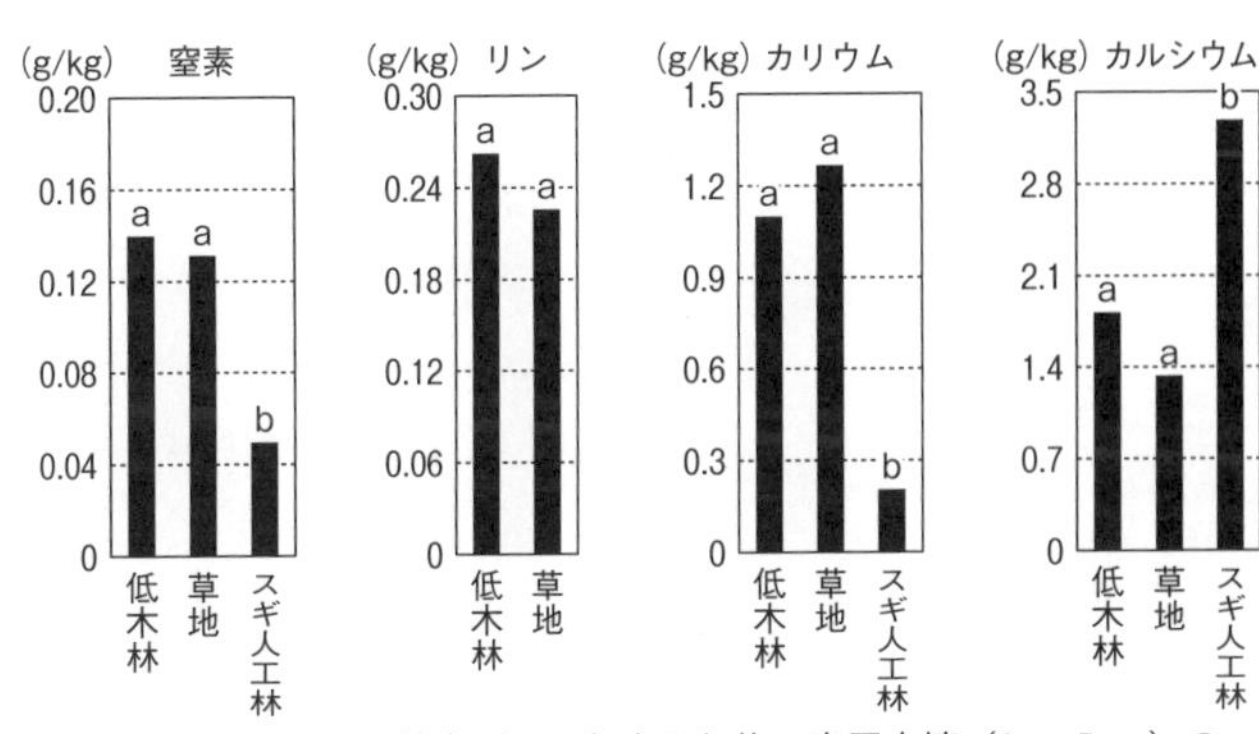

図１　焼畑に拓いた植生別にみた火入れ後の表層土壌（0～5cm）の養分増加量
出所：川北（2012）、豊島（2013）、中山（2014）、安岡（2020）、福田（2021）より作成。

します。土をしっかり焼くことで土壌有機物の分解が急速に進むのですが、この結果、土壌有機物中の窒素の形が変わり、作物が根から吸収できる水溶性の窒素（アンモニウムイオン）となって多量に供給されるのです。これを「焼土効果」と呼びます。灰の養分添加と焼土効果により、肥料の三要素である窒素、リン、カリウムが供給され、化学肥料なしでも作物の栽培が可能となります。

植生が変わると加わる養分も変わる？

それでは、土壌を豊かにするこれらの効果は、焼畑に切り拓く植生によって差があるのでしょうか。余呉町では、低木林、ススキ草地、スギ人工林など、様々な植生を伐採して行った焼畑で火入れ後の表層土壌（0～5㎝）の養分増加量を調べました。結果を図１に示します[1]。実際に調査をする前は、燃やす草木の量が多いほど、灰の添加効果や焼土効果も大きいと思っていましたが、必ずしもそうではないことがわかりました。

主にタニウツギやサワフタギなどの枝葉や幹を燃やした低木林の焼畑では、主にススキなどを燃やした草地の焼畑に比べて火入れに用いた草木の総量ははるかに多かったのですが、火入れ後に増加した土壌中の養分量を比べると、両者の焼畑の間にはほとんど差がありませんでした。樹木の幹や太い枝は燃えにくいため低木林の焼畑では燃え残りが多く、火入れに用いたものが全て灰になる訳ではありません。さらに、樹木の幹や枝の一部はどうしても地面から浮いた状態で燃えてしまったため、燃やした草木の総量の割には土がしっかりと焼けず、焼きムラもできました。一方、ススキ草地の焼畑では、ススキの葉がしっかりと地面についた状態で燃え、焼き残しや焼きムラもほとんどありませんでした。効率的に土が焼けた結果[2]、低木林の焼畑と同程度の養分増加が得られたものと思われます。この結果は、ススキ草地の焼畑に対する我々の認識を改めるきっかけのひとつになりました。

かつての中河内では山裾斜面のススキ草地が好んで焼畑に拓かれており、我々も当時の区長さんの薦めで2012年に初めてススキ草地で焼畑を行いました（本書第14章）。案内された山裾のススキ草地をみて「本当にこんな草地が焼畑に向いているのか」と驚きましたが、実際に焼畑をやってみると樹林の焼畑に比べて少ない労力で伐採・火入れができる上、低木林と遜色ない程度の養分増加が見込めるため、非常に労働効率のいい焼畑であることがわかりました。焼きムラが少ないためこれらの養分が比較的均等に土に入ることもメリットで、ヤマカブラの生育も良好でした。東北の日本海側や北陸のカブの焼畑でも雪崩が落ちてくるような山裾の草地が好まれたそうであり（野本1984）、雪崩が有機物や土を運搬するため肥沃になります（橘1995）。このようなことが、中河内でススキ草地の焼畑が好まれてきた理由だと思われます。

一方、スギの枝葉を燃やしたスギ人工林の焼畑の窒素増加量は、他の焼畑に比べて少なかったです。この差を生んだのは、植生の違いではなく立地の違いであると考えています。このスギ人工林は休耕田跡の平地にあり、火入れの前の土壌水分量が高かったのですが、土壌中の水分量が高いと地温の上昇が妨げられ、焼土効果は弱まります。このため、主に斜面地を拓いた他の植生の焼畑よりも窒素増加量が低めに抑えられた可能性があります。データ量は十分ではありませんが、土壌水分量が高くなりがちな休耕田跡などの平地の焼畑では、焼土効果による窒素の上昇が低く抑えられる可能性が高いため、注意が必要だと思います。また、スギ人工林の焼畑では、カリウムの増加量が少ない反面、カルシウムの増加量が非常に大きいことがわかりました。スギの枝葉はカルシウムに富むこと（市川ほか2002）がその要因といえます。

また、焼畑で強い火を入れるには、草木が十分に乾くように早い時期に伐採することが望ましいと考えていましたが、時間をおきすぎると伐採した樹木の枝から葉が地表面に落ち、夜露で湿った落葉が火入れ温度を下げてしまうことを地元の焼畑経験者から教わりました。大木以外の樹木の乾燥には2週間程度で十分で、葉が導火線代わりにもなることから葉がついたままの枝の方がよく燃えます。

また、通常の火入れでは、斜面上から下に焼き下ろします。主な目的は延焼防止ですが、じっくり焼き下ろすことで十分な焼土効果を得る意味もあります。斜面上からの火入れは日本の焼畑に共通してみられる特徴ですが、余呉では伐採木の乾燥が不十分で燃えにくい場合は逆に斜面下から火を入れることも教わりました。これを「逆焼き」といいます。これまでの余呉での焼畑で2度ほど逆焼きをやりましたが、燃え残りが減ったことで火入れの効果も十分に得られました。これらの在来知は、我々が現場で直面した困難や失敗をみた地元の焼畑経験者が初めて教えてくれたものであり、型通りの聞き取り調査ではわからなかったものです。このようなことが、実践と研究が融合した活動の意義の一つといえます。

土壌養分の行方とヤマカブラの生育

ここまでは、火入れ直後の土壌養分量の増加について述べてきましたが、増加した養分はその後どうなるのでしょうか。余呉の焼畑では、火入れで増加した養分は比較的早く減少し、1か月後には火入れ前とほぼ変わらない状態になっていました。カブによる養分吸収と雨による溶脱などがこの減少理由と思われます。実際、収穫直前のカブの葉は窒素不足と思われるような黄変したものが毎年のようにみられます。ただし、カブの玉の部分は大きく成長しているものが多く、カブの収量に影響するほど深刻な養分不足は感じられません。カブは、収穫前2週間程度の期間に窒素が欠乏しても玉の成長にあまり影響しない反面、発芽後1か月間に窒素が欠乏すると生育に大きな悪影響があるため（岩田ほか1968）、初期の養分供給が非常に大切です。余呉の焼畑では、焼土効果、灰の養分添加効果は共に長続きしませんが、生育初期のカブに速効性の養分を供給する上で重要な役割を果たしています。

また、日照や水分環境も作物の生育にとっては重要です。ただし、日照も水分もある年にはプラスに働いたと思われる条件は、違う年にはマイナスに働くことがわかってきました。例えば、余呉町では渇水の年は西日があたらない東斜面を焼畑に拓く方がいいとされていますが、十分な降水量が得られる年は逆に西斜面で良好なヤマカブラの生育が認められました。また、土壌水分量が高ければヤマカブラの発芽率は高まりますが、前述のように土壌水分量が高すぎると焼土効果は弱まります。作物の生育に水分は不可欠ですが、過湿な条件は黒斑病（カビによる病害の一種）の発生要因にもなり、微妙な水加減がヤマカブラの生育を規定しています。結局、その年々の気象条件によって最適条件は変わるため、収量の最大化よりはリスクの最小化を念頭に置いた立地環境の判断が重要といえます。

3　火入れで雑草は駆除できる？

発芽力を失う種子と生残する根

焼畑では、土中に埋まっている種子（埋土種子）の多くが火入れの熱で発芽能力を失うことから雑草が少なく、一般に除草剤は不要とされます。実際、余呉の焼畑では火入れ後に雑草が繁茂することはほとんどありませんでした。

ただし、進藤ほか（1988）の実験によれば、火入れにより大部分の雑草の埋土種子が死滅するのは地下3cm程度までであり、それより深い埋土種子には効果がありません。余呉の焼畑でも火入れ時の地温を測定しましたが、深さ2cmでは最大で250℃に達したのに対し、深さ5cmの土壌では平均40℃程度であり（最高81℃、最低28℃）、5cm以上の深さの埋土種子に対する影響はほとんどないように思います。このため、火入れ後に少し深く土を耕すと熱が加わっていない埋土種子が地表面に顔を出し、雑草の生育量が増えます[4]。余呉町でも、火入れ後に土を深く掘り返してススキの地下茎や根を取り除いた試験区を設けたところ、イネ科の1年草であるエノコログサの仲間が試験区一面に繁茂しました。一方、土を掘り返さなかった場所ではエノコログサの繁茂はほとんど認められませんでした。この試験は雑草調査とは別目的で実施したものですが（本書第14章）、火入れの効果の及ばない下層の土を掘り返すと、埋土種子由来の雑草が繁茂する可能性があることを示す結果となりました。

また、埋土種子とは違い、伐採前に既に生育していた多年生の植物は、地下茎や根が地中深くまで発達していれば火入れで地上部が焼かれても地下部から再生します。このため、ススキ草地の焼畑では火入れ前から生育していたヨモギ等の多年草やワラビなどのシダ植物が火入れ後に再生し、作物栽培期間に繁茂したこともありました。このような焼畑地では、除草剤が必要なほどではありませんが、最低限度の除草作業が必要でした。ただし、ヨモギやワラビなどは食用になるので、これらの再生を上手く活用して焼畑産物を増やすことも可能だと思います。

一方、樹木主体の植生を切り拓いた焼畑では、火入れ後に雑草が繁茂することはほとんどありませんでした。他地域の焼畑でも、同様の報告事例は多数あります。[5] 樹林ではもともと多年草があまり生育していないため、火入れ後に根から雑草が旺盛に再生することがありません。また、雑草の埋土種子の割合も一般には樹林の方が草地よりも低いため、火が上手く入らず焼きムラができた場所でもおおむね雑草は少なかったです。したがって、ある程度樹林化が進んだ植生に火を入れる方が、除草の手間は省けるように思います。

焼畑では除草作業は不要？

佐々木（1972）によれば、夏播きのソバやカブを栽培する焼畑においては除草を行わない例が多いのに対し、春播きの主穀作物や豆類の栽培を行う焼畑では耕作期間中に2～3回程度の除草が行われています。福井（1974）も春播きの焼畑では作物の成長が雑草の繁茂と競合関係になり、除草に労力が必要であると述べています。また、2年以上連続して焼畑を行う場合、初年度以外は火入れを行わないため雑草は増え、菅原（1980）によればアワ・ヒエの連作では雑草が多発します。実際、日本の焼畑では2年目以降も耕作することが多く、焼畑に除草作業はつきものだったようです。

我々が行った余呉の焼畑ではほとんどの場合で除草作業が不要でしたが、これは「樹木主体の植生」で、「夏焼き」の焼畑を、「1年のみ」行うような好条件がそろった結果であると思われます。このような場合を除いては、日本の焼畑では一定程度の除草作業が必要なように思います。

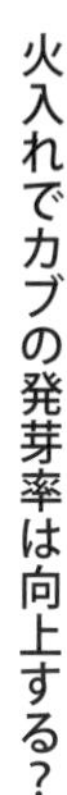

火入れでカブの発芽率は向上する？

火入れとカブの発芽率①：屋内実験

在来赤カブの温海カブを栽培している山形県鶴岡市の焼畑では、「灰が熱いうちに種をまけ」といわれ、地元の農家の方々は火入れの熱が冷めないうちに播種することで、温海カブの発芽率が高まることを経験的に知っています（江頭２００７）。江頭は、高温によってカブの種子が休眠から目覚めることをその主要因に挙げると共に、灰が冷え切らないうちは地面から水蒸気が上がってくるため、種子が水を含みやすくなり発芽率が高まるとの解釈もあると説明しています。

余呉町のヤマカブラの発芽率と温度の関係を調べるため、私の研究室でも実験を行いました。様々な条件でヤマカブラの種子を加熱した後に発芽状況を確認した結果、80℃で5～10分程度の加熱が最も発芽率を上昇させ、非加熱に比べれば40℃の加熱でも発芽率は高まることがわかりました（蔭山２０１５）。一方、80℃以上で20分以上加熱すると全く発芽しないことも確認できました。あまり高い熱を加えすぎると前述の埋土種子同様に発芽力を失いますが、適温での加熱はヤマカブラの発芽率を高めていました。これは江頭（２００７）による温海カブの実験とほぼ同様の結果でした。

火入れとカブの発芽率②：現地観察

我々が現在行っている余呉町中河内の焼畑では、火入れ後2時間程度が経過してから播種しています。前述のように、火入れ時の地温は深さ２㎝で最大２５０℃に達し、播種時にも表土には熱が残っています。

地温はおおむね40℃程度はあると思われることから、大きな発芽率向上は見込めないまでも、非加熱の土壌に比べれば発芽率は高まっていると思われます。

ただし、伝統的な中河内の焼畑では、火入れ後に十分に土が冷えてからしか播種をしなかったそうです（本書第10章）。この理由については不明な点も多いのですが、中河内では播種時の地温は全く重視されていませんでした。実際、焼きムラができた我々の焼畑で現地観察をしてみましたが、火入れの強弱とヤマカブラの発芽率の間に強い関連があるようには思えませんでした。

一方、休耕田跡地の植生を拓いた焼畑では、水がたまりやすい場所を中心にかなりの密度でヤマカブラが発芽しました。この焼畑では発芽率が高すぎ、その後の間引きが非常に大変でした。ヤマカブラの発芽には、播種時の地温よりもむしろ水分環境の方が大きく影響しているようです。このため、水分環境などの立地を考慮しながら、適切な播種密度を決めていくことが大切であることがわかりました（第2節から第4節までの小括を、Q&A形式で表1にまとめました）。

表1　焼くことで生じるさまざまな効果　Q＆A

Q	A
火入れで土壌は豊かになる？	・火入れで土を肥沃にするには、十分な灰が加わること、土をしっかり焼くことの2点が大切。 ・火入れで増加した養分はおおむね1か月程度でなくなっているが、カブの初期成長にとっては重要。
火入れで雑草は駆除できる？	・火入れで埋土種子は発芽力を失い雑草は減るが、地下部が残る多年草の再生は抑えられない。 ・樹木主体の植生を焼畑に拓く方が、雑草は少ない。 ・春焼きの焼畑や2年目以降に連作を行う焼畑では、除草作業が必要な場合が多い。
火入れでカブの発芽率は向上する？	・実験室レベルでは、80℃で5～10分加熱するとヤマカブラの発芽率が上昇する。 ・実際の現場では、播種時には地温が下がっており、火入れの効果はそれほど大きくない。 ・ヤマカブラの発芽率には水分条件の方が大きく影響する。立地条件を考慮した播種密度が重要。

出所：筆者作成。

5 焼畑では害虫が少ない？

これまでの通説に対する疑問

焼畑は常畑に比べて害虫被害が少ないといわれます。余呉町でもそのような認識を持つ地元の方は多く、他地域でも同様の報告事例は認められます。しかしながら、先述の火入れの効果とは異なり、日本の焼畑と害虫の関わりを定量的に明らかにした研究事例はほとんどありません。一般に、種構成が単純な生態系では多様な種を含む複雑な生態系よりも特定の生物の大発生が起りやすいとされます。焼畑は常畑に比べて生息昆虫が多様なため、特定種の大発生が妨げられた結果、害虫の被害が低減されていると解釈している研究もあります（東・金城１９８１）。しかし、修士論文で焼畑の昆虫について調査をした若林（２０１５）によれば、余呉町の焼畑の作付け期間に確認された昆虫の種数は6～12種程度で、特定種の大発生を妨げるほどには多くありませんでした。実際、余呉町では２０１１年にコオロギが大発生し、焼畑や常畑で栽培していたヤマカブラが壊滅的な被害を受けました。

これらの結果だけをみれば、焼畑に害虫防除効果があるというのはただの俗信のようにも思えますが、我々のこれまでの調査から、伝統的な焼畑には害虫の被害を抑える様々な要因があることがわかってきました。本当に焼畑により害虫が減るのか、また、それはどのようなメカニズムなのかを様々な角度から考察していきたいと思います。

移動耕作が特定害虫の発生を妨げる？

前述のように、余呉の焼畑で最もヤマカブラに被害を及ぼした害虫はコオロギ（特にエンマコオロギ）ですが、その他の害虫の被害はあまりみられません。例えば、常畑のカブに大きな被害を与える害虫にアブラナ科の葉を食するダイコンサルハムシ（以下、サルハムシ）がいますが、余呉町の焼畑ではサルハムシによる被害はほとんどありませんでした。サルハムシは、幼虫、成虫ともに葉を食害するやっかいな害虫ですが、移動能力が低く成虫も飛ぶことができません。焼畑では毎年拓く場所を変えて移動するため、その移動にサルハムシがついていけず、ほぼ同一の場所で栽培を続ける常畑に比べて被害が出にくいものと思われます。また、サルハムシは夏場に仮眠し、気温が20℃前後になる秋に再び姿を現します。仮眠場所が枯れ葉や石下であることから、8月上旬に火入れを行う余呉町の焼畑では、仮にサルハムシが焼畑地に仮眠していても火入れで駆除されているものと思われます。ただし、周辺にアブラナ科の植物が自生している場合や、アブラナ科の作物を栽培している畑がある場合には注意が必要だといえます。

火入れ時期の遅れがコオロギの被害を拡大

表2に、余呉町の焼畑におけるカブの食害状況とコオロギの発生状況をまとめました。この表に示した2010～2014年の焼畑はそれぞれ隣接する東向き斜面に拓いた焼畑で、立地条件や周辺環境に大きな違いはありません。結論から先に述べますが、カブの食害が激甚化したのは火入れ・播種の時期の遅れとコオロギの大発生が重なった年であることがわかりました。以下、詳細な状況を説明します。

コオロギの発生量が多かったのは2011年と2013年ですが、前者では子葉の段階で多くのヤマカブラに甚大な被害が出たのに対し、後者では子葉の食害はほとんどなく、ある程度本葉が大きくなってから食害を受けたものの、ほとんどが収穫時まで生残していました。2011年は8月上旬に降り続いた雨の影響で火入れ・播種が8月末までずれ込みましたが、この遅れが食害を激化させた要因だったのです。

若林(2015)の調査によれば、余呉町のエンマコオロギは7月下旬から8月上旬に1~3齢幼虫、8月中旬から下旬に4~6齢幼虫、9月上旬に7齢幼虫~成虫へと成長します。予定通りに火入れ・播種を8月上旬に終えた2013年は、エンマコオロギが大きく成長する前に本葉を成長させて壊滅的な被害を免れたカブが多かったのに対し、火入れ・播種が8月末までずれ込んだ2011年はカブの成長も遅れ、7齢幼虫~成虫に成長した食欲旺盛なエンマコオロギに発芽直後の子葉がほとんど食べられてしまったのです。一方、2011年よりもさらに火入れが遅れた2014年は、コオロギの発生量自体が少なく、カブの食害は軽度でした。

なお、2013年には試験的に栽培していた万木カブ(高島市安曇川町の在来品種)の半数以上の個体で地表面に露出した玉の食害が確認されていますが、これについては後ほど考察します。

伝統的な余呉町の焼畑の火入れ・播種は、遅くともお盆までには行われていました。聞き取りでこの事実を知った当初は、農作業に一段

表2 カブの食害状況とコオロギの発生状況及び火入れの時期

	カブの食害状況		コオロギの発生状況	火入れ	備考
	ヤマカブラ	万木カブ			
2010年	軽度	軽度	小規模	8月19日	
2011年	子葉の時期に甚大な食害	子葉の時期に甚大な食害	大規模	8月30日	8月上旬の降雨で、火入れが2週間遅れた。
2012年	軽度	軽度	小規模	8月11日	
2013年	軽度	地上に露出した玉が重度に食害	中規模	8月17日	
2014年	軽度	軽度	小規模	9月4日	8月全般に雨が多く、火入れが3週間以上遅れた。

出所：筆者作成。

落つけてからゆっくりお盆休みを迎えるためであろうといった認識しかなかったのですが、お盆前の火入れはコオロギの食害リスクを低減する一手段にもなっていると考えられます。一方、常畑のカブの播種の時期は一般にもう少し遅く、コオロギ大発生の年にはより被害を受けやすかったものと思われます。

コオロギはヤマカブラの苦みが嫌い？

先述のように、2013年はコオロギの発生量が比較的多かったのですが、火入れ・播種が通常通りの時期に行われたため、焼畑で栽培していたヤマカブラ、万木カブ共に子葉の食害による壊滅的な被害は免れました。ただし、葉の食害は免れたものの、万木カブの半数以上で地表面に露出した親指の先ほどのサイズの玉に食害が確認されました。一方、ヤマカブラの玉の食害はほとんどありませんでした。

万木カブは滋賀県を代表する在来赤カブの一つといえるほど普及しており、ホームセンターでも種を購入できます。味にくせがなく、生食しても苦みをほとんど感じません。一方、余呉町の在来品種であるヤマカブラは幾分苦みがあり（青葉1981）、特に皮の部分の苦みを強く感じます。定量的なデータはないのですが、ヤマカブラの玉の皮の部分の苦みは万木カブに比べて非常に強く、これがエンマコオロギの食害を免れた一因であることが推察されます。

様々なリスク低減策の組み合わせ

伝統的な余呉町の焼畑ではお盆前には必ず火入れ・播種を終え、コオロギなどの食害に強い在来品種のヤマカブラを栽培することで、コオロギによる食害リスクを低減してきたものと思われます。また、余呉町ではコオロギを直接撃退する伝統的手法として、「コオロ焼き」というものがあります。火野山ひろばの島上（2011）によれば、コオロ焼きとは火入れ後に掘起こしたススキの地下茎や焼け残った木々を集め、夕方薄暗くなった頃に焼くことであり、明るく燃える火にコオロギをはじめとする虫が飛び込んだといいます。ちなみに「コオロ」はコオロギを指す方言です。「コオロギは走光性昆虫ではないため、火に飛び込むのは不自然では？」や「集めた草木に隠れたコオロギを焼いて一網打尽にしたのでは？」などの意見が火野山ひろばのメンバーからもでたため、実際にコオロ焼きをやってみました。積んだ草木の中にコオロギは隠れていたのですが、火をつけると逃げだしてしまいました。火のつけ方が悪かったのかも知れませんが、残念ながら焼かれたコオロギや火に飛び込むコオロギは確認できませんでした。コオロ焼きに対する疑問については未だに謎のままであり、他地域で同様の事例がないか調査中です。

なお、コオロギが比較的多く発生した2019年にその駆除対策として粘着式ゴキブリとりを焼畑地内に仕掛けてみたところ、多量のコオロギが捕獲できました。薬剤散布も不要であり、環境に優しいコオロギ駆除法としては最も効果的なように思います（第5節の小括を、Q&A形式で表3にまとめました）。

表3　焼畑と害虫の関わり　Q&A

Q	A
焼畑は常畑に比べて害虫が少ない？	・ダイコンサルハムシなど、移動能力の低い害虫の防除には移動耕作を行う焼畑は効果的。 ・火入れの遅れとコオロギの大発生が重なると、コオロギの食害が激甚化する。
コオロギの食害にどう対処する？	・お盆前には火入れを行い、コオロギが成虫になる前にヤマカブラの本葉を成長させる。 ・苦みの強いヤマカブラは、コオロギも苦手。 ・粘着式ゴキブリとりも、コオロギ対策として有効。

出所：筆者作成。

6 焼畑で日本の森林は蘇る？

日本の里山問題とその解決策

奥山の原生林と人手が入った里山林。生物多様性が高いのはどちらでしょうか。「原生林」と答える人も多いでしょうが、薪や炭の採取、堆肥用の落ち葉かきなどで人手が入り続けている里山林にも、原生林に負けず劣らず多様な生物が生育しています。鎮守の森のように長期間人手が入らないと、暗いところを好む木々が主体の鬱蒼とした森になりますが、里山林はその逆です。例えば、早春の明るい林床に生育するカタクリとその蜜を吸うギフチョウなどは、原生林よりも里山林のような環境を好みます。

人手が入ることで明るい林床が維持されてきた里山林では、人と自然が共存しながら原生林とは違う生態系が築かれてきました。ところが、日々の暮らしに薪炭や堆肥が使われなくなり里山が放置され林床が暗くなった結果、明るい環境を好む生物の生育地が全国的に減少し、絶滅が危惧される種も少なくありません。このように、人々が手を入れなくなったことにより特有の生態系が崩れようとしているのが日本の里山が抱える問題です。

放棄され荒廃が進む里山に火を入れて植生を若返らせ、里山の生態系を再構築しようというのが、火野山ひろばの活動目的の一つです。「焼畑」という言葉から森林破壊を連想する人もいますが、焼畑は自然の再生力を活かした循環的な農業です。放棄された里山に火を入れて作物栽培後に土地を休ませると、温暖湿潤な日本では草むらから藪、樹林へと植生が自然に回復して里山が若返ります。これを植生遷移と呼びます。

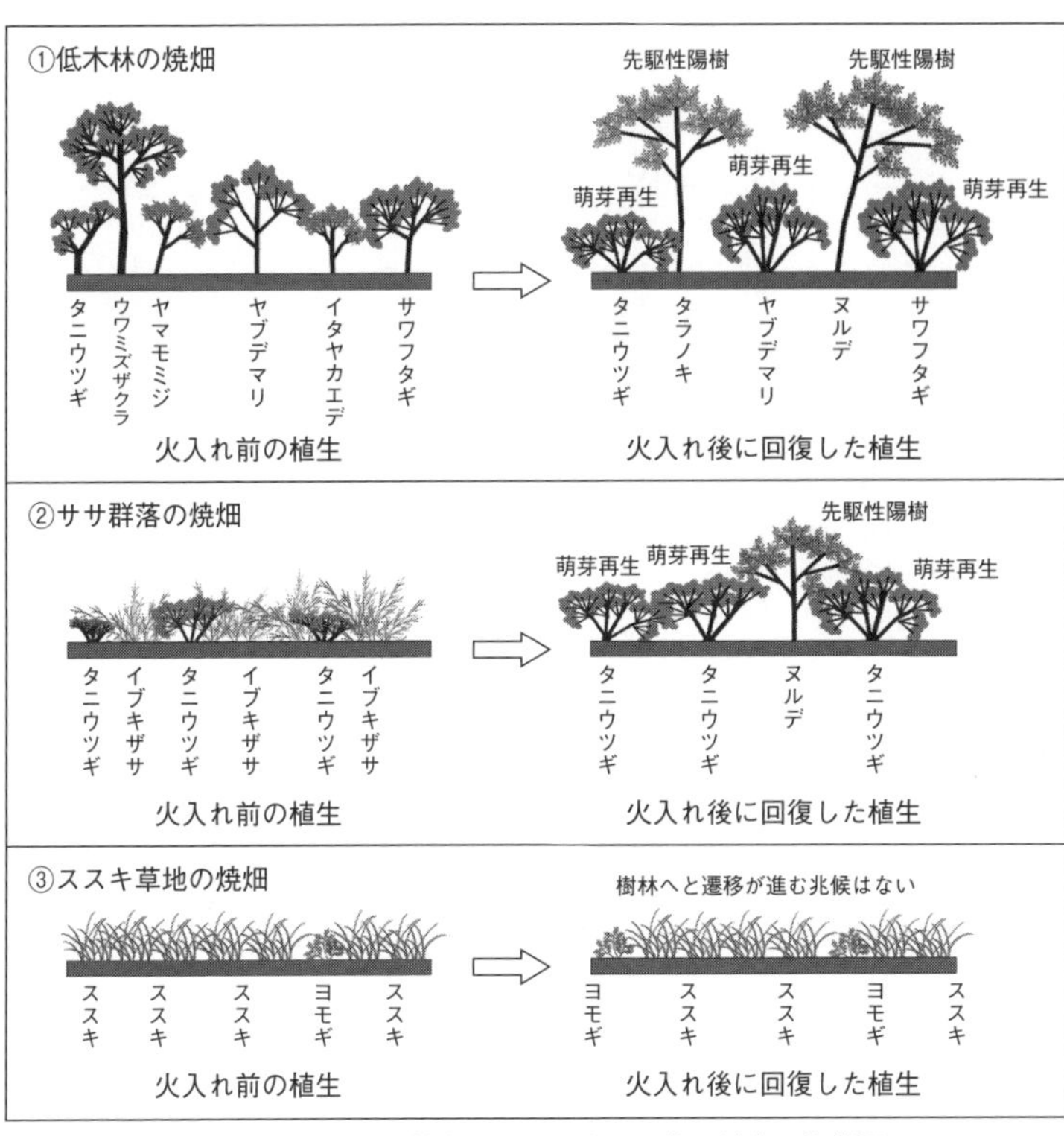

図2　火入れ前の植生別にみた火入れ後の植生回復状況
出所：筆者作成。

それでは、実際に余呉町の焼畑では火入れ後にどのように植生が回復してきたのでしょうか。ミャンマーやラオスでの私の調査経験から、伐採前の植生が異なると休閑期の植生回復状況も大きく変わることがわかっており（鈴木2007）、余呉町でもそのような傾向が認められました。次項以降で、低木林、ササ群落、ススキ草地を拓いた焼畑の植生回復について、詳しく紹介していきたいと思います。また、これらの焼畑における火入れ前後の植生変化の模式図を図2にまとめました。

火入れ後の植生回復①：低木林

低木林の焼畑では、伐採前に生育していた多くの樹木の切り株や木の根元から若芽（萌芽）が再生し、萌芽再生力の強い低木種であるタニウツギなどの萌芽個体が休閑初期には大きな面積を占めました。休閑1～2年目には空いた空間に比較的多くの種類の樹木の実生（種から発芽した個体）が生育していましたが、その多くは旺盛に成長する草に負けてしまい、萌芽再生個体以外で生き残った樹木はほとんどがヌルデなど、裸地や伐採跡地に真っ先に生える初期成長の早い樹木（先駆性陽樹）でした。また、伐採前に生育していたウワミズザクラなどの高木種は萌芽再生力が弱く、休閑期に衰退していきました。

この結果、年数の経過と共に先駆性陽樹が高木となり、火入れ後10年程度が経過すると、ヌルデやタラノキなど火入れ前には生育していなかった先駆性陽樹が高木層を形成し、低木層にはタニウツギ、サワフタギ、ヤブデマリなど火入れ前から生育していた樹木の萌芽再生個体が優占する群落となりました。特定種の植被率が突出して高くなることはなく、後述のススキ草地やササ群落を拓いた焼畑休閑地に比べ、多様性の高い樹林が再生されています。

火入れ後の植生回復②：ササ群落

ササ群落の焼畑では、伐採前に優占していたイブキザサの回復はごくわずかでした。他の植物の生育を妨げるササの繁茂は日本の里山管理上大きな問題の一つとされており、焼畑によりササの生育を抑制できる可能性を示す結果が得られたといえます。ササは燃えやすく、火入れの効果も十分に期待できます。

ただし、この焼畑ではササの再生は抑えられたものの、火入れ前にササと共に生育していたタニウツギの萌芽再生個体が他の植物を圧倒し、休閑初期の6年間は樹木の多様性が低下していきました。6年目以降には先駆性陽樹であるヌルデがタニウツギ群落を高さで追い越し、他の樹木も多少は見られるようになりました。将来的には、前述の低木林の焼畑休閑林と類似した植生になる可能性もありますが、もともと生育していた樹木の種類が少なかったため、早期の萌芽再生によって多様性の高い樹林が回復していくのは難しいように思います。

火入れ後の植生回復③：ススキ草地

余呉町中河内の山裾では、樹林へと植生遷移が進まないススキ草地が散見されます。ススキの密生による光阻害と多雪・雪崩による樹木の幹折れ等が、樹林化を妨げているものと思われます。このススキ草地で植生調査を行った大野（2016）の卒業研究によれば、ススキの植被率（植物が覆っている面積割合）が7割を超えると樹木がほとんど生育していないのに対し、7割以下の場所では樹木の実生の生育が認められることがわかりました。

遷移の進んでいないススキ草地を焼畑に拓けば、密生するススキに火入れが大きなダメージを与えて樹林化が早まるきっかけになると想像していましたが、実際には火入れ後の休閑期に再びススキが旺盛に回復し、植生遷移が進む兆候は認められませんでした。このススキ草地では、樹木の埋土種子がほとんど確認されなかったことも、樹林化が妨げられている一因と思われます（大野2016）。

前述のように、このようなススキ草地は焼畑適地とされ、中河内では繰り返し焼畑に利用されてきました。多雪地帯の山麓にあるススキ草地は、焼畑により樹林へと遷移を進行させることは難しいと思われるため、草地環境を維持しながら定期的に焼畑に使用していくことが望ましいように思います。

荒廃する里山の植生を焼畑で再生できる？

人手が入らなくなったこと、すなわち、木を切らなくなったために荒廃した里山は、切ることでしか蘇りません。そして、土地を休ませる期間（休閑期間）が短くなったことが森林劣化の一因となっている熱帯諸国の焼畑と違い、日本では長期の休閑期間を確保するに十分な面積の「人手を入れるべき里山」が存在します。

ここまで述べてきたように、焼畑の火入れ後の植生の回復パターンは多様であり、伐採前の植生に大きな影響を受けていることがわかりました。森林再生に要する時間は非常に長いため、まずはこのような基礎データの蓄積と情報共有が大切だと思います。火入れによってササの生育を抑えることは可能ですが、その後は必ずしも多様性の高い樹林へと遷移が進んではいませんでした。また、多雪地域の山裾のススキ草地は、焼畑によって植生遷移を進めることは難しそうです。しかしながら、焼畑により様々な遷移段階の植生がパッチ状に混在する状況は、地域全体で見ると植物の多様性を向上させているように思います。柴田・吉田（2010）は、多様な生態系をもつ里山の復元には、均質な受光伐（間伐）よりも、小面積の皆伐地が散在するような施業が適していることを指摘しています。焼畑は、まさに小面積の皆伐地が林内に散在する状況を創出するに適した農法といえます。

日本の里山再生への道のりは当然一つではなく、地域特性に応じた様々な手段を試みる必要があり、焼畑もその選択肢の一つといえます。本書の第2部でも紹介していますが、日本各地で近年みられるようになった焼畑を活用した里山再生は、中山間地域の生業を活かした日本の森づくりの一手段として大きな意義を持つものといえるでしょう。

放置人工林を焼畑で再生できる？

火野山ひろばでは、焼畑を核にして余呉町の放置スギ人工林の再生とカブの地域ブランド化を推進する地域振興モデルの構築にも着手しています(図3)。本モデルの特徴は、火野山ひろばを中心とする研究チーム、地域おこし協力隊と自伐型林業組合「木民」、地元のアウトドア総合レジャー施設「ウッディパル余呉」、人工林の地権者、が少しずつ土地・資金・労働力・科学的知見等を提供しあうことでヒト・モノ・カネ・情報の好循環を生み出すことを狙っている点で、放棄された地域資源を焼畑に活用しながら、中山間地域の農林業と環境の再生を地域づくりに繋げることを目指しています。

2019年には地権者の了承を得たスギ人工林を対象に小面積(5m×10m)の区画を試験的に伐開し、その跡地で焼畑によるヤマカブラ栽培を行いました。スギの伐採は長浜市地域おこし協力隊OBが運営する「木民」に担当してもらい、地域おこし協力隊の実践トレーニングの現場も兼ねる形で、現役隊員と共に伐採・玉切り作業を行ってもらいました。また、収穫

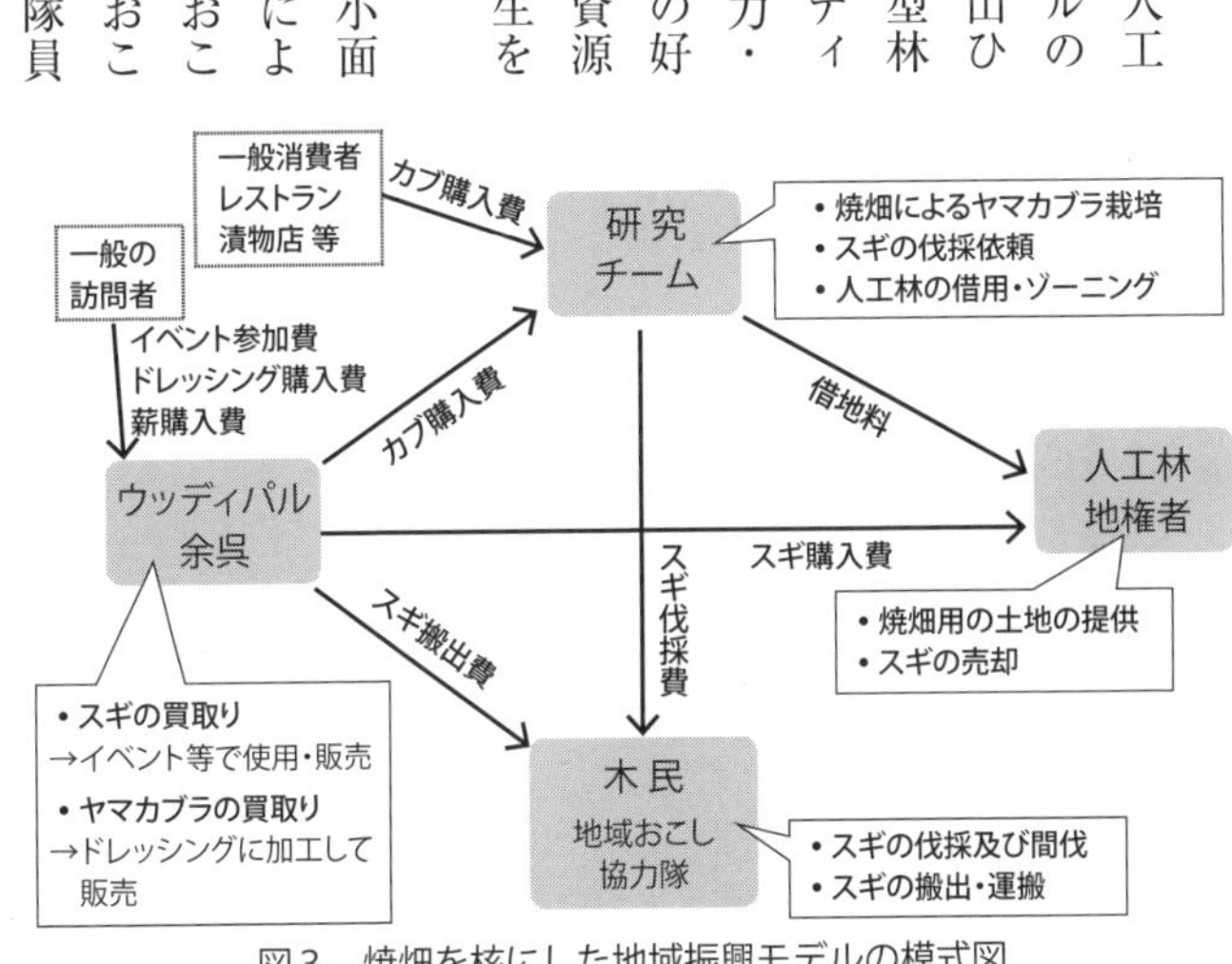

図3　焼畑を核にした地域振興モデルの模式図
出所：筆者作成。

したヤマカブラはウッディパル余呉に卸し、ドレッシングに加工して販売されました。

この地域振興モデルは経済的に大きな利潤を短期的に生むシステムではありませんが、ヒト・モノ・カネ・情報の地域レベルでの好循環が生まれることで、小規模ながらも農林業の再生が進行し、それが地域の環境再生と活性化に繋がることが期待できます。例えば、放置人工林の地権者は林業での収益をほとんど期待していない場合も多く、間伐不十分な放置林の危険性は認識しつつも収益性のないものへの投資に躊躇し、放置状態が続いているのが現状です。このモデルにおける地権者の収入は搬出費を差し引いたスギ材の売却費と焼畑の借地料であり、スギがよほど高く売れない限りは林業として十分な収益は得がたいですが、このモデルに参加された地権者からは、無料で放置人工林の手入れができ多少の収益も得られたことに対し、感謝の言葉をいただけました。賛同する地権者を増やしながら、この好循環を地域全体へと展開したいと考えています。

また、生産物に付加価値をつけて外部へ販路を拡大することができれば、より多くの経済的利潤を生むことも可能です。ヤ

表4　焼畑で蘇る日本の森林　Q & A

Q	A
火入れ後に植生はどのように回復する？	・低木林の焼畑では、休閑10年程度で高木層に先駆性陽樹、低木層に萌芽再生の樹木が優占する群落が再生。 ・火入れでササの生育を抑えることは可能。ただし、思い通りの植生に誘導することは難しい。 ・山裾のススキ草地の焼畑では、樹林へと植生遷移を進めることは難しい。
荒廃する里山を焼畑で再生できる？	・焼畑の火入れにより再生する植生は多様。まずは基礎データの蓄積と情報共有が大切。 ・さまざまな遷移段階の植生をパッチ状に創出する焼畑は、多様な生態系をもつ里山の復元に有効。
放置人工林を焼畑で再生できる？	・地域振興モデル（図３）により、ヒト・モノ・カネ・情報の地域レベルでの好循環が生まれる。 ・ヤマカブラの地域ブランド化やスギ材の商品化などにより、小規模ながらも地域の農林業の再生が進行し、地域の環境再生と活性化に繋がることが期待できる。

出所：筆者作成。

マカブラのブランド化については第13章で詳細に報告しますので、ここではウッディパル余呉のキャンプ場利用客へのスウェーデントーチの販売を考えます。スウェーデントーチとは、縦に複数の切り込みを入れただけの丸太で、直接火をつけてキャンプでの料理用コンロや暖房代わりに用いるものですが、近年人気のアニメ番組に登場したこともあり、若者の間でブームとなっています。アマゾンのような通販サイトでも高値で販売されており、売り方次第ではかなりの収益が期待できます。また、単に加工品を販売するだけではなく、スウェーデントーチづくりや薪割りなどのワークショップを開催し、加工のプロセスをも商品化することで新たな付加価値を生むことも可能だと思います。ウッディパル余呉では、2020年11月に行われた地域の祭りである「余呉秋の収穫祭」でスウェーデントーチの実演と販売を行っており、余呉地域での需要拡大に向けて着々と歩を進めています（第6節の小括を、Q&A形式で表4にまとめました）。

7　焼畑で描く食・森・地域の未来

日本の焼畑については、主に民俗学・地理学・人類学分野の詳細な研究蓄積がある一方、農学・生態学分野のデータの蓄積はわずかしかありませんでした。余呉町において実践と一体になった現地調査を継続してきたことで、焼畑の火入れの持つ様々な効果、焼畑と害虫の関係、火入れ後の植生回復状況など、余呉町の焼畑の特徴を示す貴重な情報が数多く得られたと思います。

地元の焼畑経験者から現場で様々な技術や知恵を教われたことも、代えがたい経験となりました。「逆焼き」のように現場での失敗を共有することで初めて学べた技術や知恵も多く、我々の貴重な財産となっています。

また、異なる分野の専門家が、同じ目的意識の下で実践に根ざした共同研究を行ったことにより、一つの事象に対して多面的な解釈が生まれました。例えば、「ススキ草地の焼畑」の特徴について、本章では主に「焼土効果や植生回復」の観点から、第9章では「焼畑技術体系の地域間比較」の観点から、第10章では「女性視点からの草地・原野の重要性」の観点から、第14章では「実践で浮かび上がる在来知」の観点から述べられており、なぜススキ草地の焼畑が中河内で好まれてきたのか、重層的な理解が深まりました。このようなことも、本活動の特徴的な成果のひとつといえます。

10年以上にわたり、焼畑実践者と焼畑研究者の視点を行き来しながら焼畑の在来知と農学的・生態学的データを横断的に解釈してきたことで、文献で得た普遍的な理論知と現場で得た地域固有の経験知の融合が進み、当初は自分の中にあった様々な齟齬が埋まっていきました。今後も焼畑実践と焼畑研究を往還しながら、焼畑による日本の食・森・地域の再生に向けた活動をさらに発展していきたいと思います。

注

(1) 分析に用いた土壌サンプル数は低木林20点、草地及びスギ人工林は各10点。図中の窒素はアンモニウムイオン中の窒素、リンは有効態リン酸中のリン、カリウム、カルシウムは水溶性・交換性イオンの総量。同一グラフ中の異なるアルファベットは、統計的な有意差（有意水準5％）があることを示します。なお、スギ人工林のリンは未測定。

(2) 焼土効果は温度が高ければ高いほど大きくなるわけではなく、300℃以上ではむしろ効果が弱まり、50℃程度の加熱でも一定程度の効果が得られます（田中2011）。このため、ススキ草地の焼畑でも十分な効果が得られたものと思われます。

(3) カブは生物学的には肥大した胚軸（一般に根と呼ばれることが多い部分）を食べていますが、便宜上、本書ではこの部分を「玉」と呼ぶことにします。

（4）菅原・進藤（1987）の実験では、焼畑後に耕耘した区画では無耕耘の区画に比べ約2・4倍の雑草が確認されています。

（5）以下の事例が報告されています。椎葉の事例（田中2004）：焼畑耕作後1～5年程度が経過した若い休閑地に比べ、休閑年数100年程度の休閑林の方が埋土種子数が少ない。白山麓の事例（橘1995）：休閑年数40年程度の林では林床の草本の繁殖が抑えられるため、除草回数が少なくてすむ。椿山の事例（福井1974）：休閑5～10年程度のヤブを焼畑にすると雑草がたくさん生えるが、ヤブの木が太ったほど焼畑にしたとき雑草が生えない。

参考文献

青葉高（1981）『野菜──在来品種の系譜』法政大学出版局

東清二・金城政勝（1981）「西表島の焼畑農地における昆虫類の群集構造」『琉球大学農学部学術報告』28、31～39頁

市川貴大・深澤文貴・高橋輝昌・浅野義人（2002）「落葉広葉天然林のヒノキ及びスギによる人工林化が土壌の養分特性に及ぼす影響」『森林立地』44、23～24頁

岩田正利・歌田明子（1968）「窒素供給期間の差異が数種そ菜の生育・収量に及ぼす影響」『園芸学会雑誌』37（1）、57～66頁

江頭宏昌（2007）「山形県の焼畑と在来カブの品質に及ぼす効果」『東アジアのなかの日本文化に関する総合的な研究成果報告書1』東北芸術工科大学東北文化研究センター、273～291頁

大野翔悟（2016）「湖北・余呉町のススキ草地の遷移進行はなぜ緩やかなのか──夏期の焼畑と冬季の積雪が遷移に与える影響に着目して」2015年度京都学園大学バイオ環境学部卒業論文

蔭山大樹（2015）「焼畑によるカブ栽培の優位性──余呉在来カブにおける常畑との比較」2014年度京都学園大学バイオ環境学部卒業論文

川北和正（2012）「滋賀県余呉町における焼畑土壌の火入れ前後の土壌特性値の変化とその要因」2011年度京都学園大学バイオ環境学部卒業論文

佐々木高明（1972）『日本の焼畑』古今書院

柴田昌三・吉田幸弘（2010）「植生への管理再開が里山生態系に与える影響」第121回日本森林学会大会発表要旨

島上宗子（2011）「コオロ焼き」『実践型地域研究ニューズレター　ざいちのち』No.38、京都大学東南アジア研究所実践型

地域研究推進室、1頁
進藤隆・菅原清康・植木邦和（1988）「焼畑農法における作付体系とその成立要因に関する研究　第20報　火入れによる雑草の抑制効果」『農作業研究』23（2）、111～116頁
菅原清康・進藤隆（1987）「焼畑農法における作付体系とその成立要因に関する研究　第19報　焼畑における耕耘および除草と雑草植生との関係」『農作業研究』22（3）、191～198頁
菅原清康（1980）「焼畑農法の中における雑草防除対策」『雑草研究』25、56～59頁
鈴木玲治・竹田晋也・フラマウンテイン（2007）「焼畑土地利用の履歴と休閑地の植生回復状況の解析――ミャンマー・バゴー山地におけるカレン焼畑の事例」『東南アジア研究』45（3）、343～358頁
橘礼吉（1995）『白山麓の焼畑農耕――その民俗学的生態誌』白水社
田中正道（2004）「焼畑地における雑草群落と埋土種子集団の経年的変化――宮崎県椎葉村の事例」『雑草研究』49（2）、112～116頁
田中壮太（2011）「養分動態からみた焼畑の地域比較論」佐藤洋一郎監修『焼畑の環境学――いま焼畑とは』思文閣出版、486～517頁
豊島崇史（2013）「余呉町における焼畑の火入れと休閑に伴う土壌特性値の変化とその要因」2012年度京都学園大学バイオ環境学部卒業論文
中山徳磨（2014）「滋賀県余呉町の焼畑においてなぜ草地が好んで開かれるのか――火入れ前後の土壌特性値の比較から」2013年度京都学園大学バイオ環境学部卒業論文
野本寛一（1984）『焼畑民俗文化論』雄山閣出版
福井勝義（1974）『焼畑のむら』朝日新聞社
福田洋次郎（2021）「焼畑地の土壌養分動態からみた最適な火入れ法の検討――伐採前植生の差異や連作の影響に着目して」2020年度京都先端科学大学バイオ環境学部卒業論文
安岡篤生（2020）「滋賀県余呉町における放置スギ植林地の焼畑活用――雑木林と比較した土壌の火入れ効果の検証」2019年度京都先端科学大学バイオ環境学部卒業論文
若林由樹（2015）「滋賀県余呉町中河内における焼畑が昆虫相に与える影響――昆虫からみた若い休閑地の役割に着目して」2014年度京都学園大学大学院バイオ環境研究科修士論文

在来品種「余呉のヤマカブラ」を選抜採種する

滋賀県立大学
野間　直彦

1　在来品種ヤマカブラのふるさと

この章でとりあげる長浜市余呉のヤマカブラは、かつて琵琶湖の北の山間集落で行われていた焼畑で、その1年目につくられた赤カブの在来品種です。万木カブ、赤丸カブ、小泉カブなどのような滋賀県の平野でつくられた他の品種と似て、皮は濃い赤で（佐藤ほか２０２０、本書第13章）、カブの玉を切ると、中は白い肌に赤い点やマーブル模様が広がるのが見えます。噛むと苦みが濃く、とても堅いもので、これに類した赤の濃さと堅さは他地域の赤カブにめったにないと思われます。また、短い葉は散らばり気味で、比較的堅く、つやがある表面と赤い軸（葉柄）に、毛が多いことに特徴があります。私たちの焼畑の師匠・永井邦太郎さんは、そのような形質をもったものがよいヤマカブラだと言われていました。

ヤマカブラのふるさと、余呉の山間地域では、散在する集落ごとに玉の形が違っていたそうです。たとえば、中河内では扁平で上が盛り上がった丸、鷲見ではまん丸、摺墨では細長く、台形（下ぶくれ）のところもありました（第9章ほか）。ヤマカブラは、１９６０年代までさかんにつくられてきましたが、焼畑の終焉とともに、影をひそめていきました。本章では、火野山ひろばによる余呉町中河内におけるヤマカブラ選抜採種の取り組みについて、その過程を紹介します。

2 余呉の多様なヤマカブラ

今のヤマカブラは玉の形が多様で、球形から下ぶくれ、長いものなど、いろいろな形が出てきます。しかし、先に書いたように、昔のヤマカブラは集落ごとに形がちがい、固定していたそうです。

ではなぜ、今のヤマカブラの多型性が現れたのでしょうか。私たちが中河内の焼畑で育てているヤマカブラの種子は、余呉町摺墨在住であった永井邦太郎さんから受け継いだものです。永井さんが守ってきた種子（ここでは原種と呼びます）が育つと、丸、台形、細長いものなど多様な形が現れます。１９６０年代以降、大雪と奥丹生谷のダム計画にともなって、そこの7集落から余呉町内の東野、中之郷などへ移住が進みましたが、永井さんによると、移住した住民はヤマカブラの種子を大事に持ち出し、隣近所の畑で栽培しましたが、カブは簡単に他系統と交雑するため、複数の集落の遺伝子が混ざったとのことでした。永井さんは、そのような種子をもらいうけて栽培し、収穫したヤマカブラの中からよいものを選び、植え直して採種してきました（野間・河野２０２０）。

一方で、青葉（１９８１）は、ヤマカブラの種子を福井県の方に販売していたこと、ヤマカブラ栽培地域にも市販の赤カブの種子を買って播く人がいることを指摘しています。また吉田一郎さん（元・長浜城歴史博物館館長）が写した高時川源流域の離村集落の写真には、万木カブラのように葉柄が緑色で永井さんのヤマカブラとは外見が異なる赤カブが写っています。余呉でつくられる赤カブも多様であったのでしょう。滋賀県のカブの品種のDNAを解析して系統関係を調べた最近の研究によると、ヤマカブラは近隣の複数の品種が交雑していると考えられるような結果が発表されています（Kubo, Ueoka & Satoh 2019）。山間集落の固有性と、交流によってつくられたハイブリッド性という両面があると思われます。

そこで私たちは、もう一度、昔のヤマカブラを復元しようと考えました。選抜採種にあたって、私たちは以下のように2つの目標を立てました。ひとつは、もう一度それぞれの玉の形、たとえば丸・台形などの形をとりもどすこと、もうひとつは、おいしいものをつくることを目指しました。

3　形をととのえる

永井さんは「ヤマカブラの葉は、葉をくくって束ねるのがむずかしいほど短い」と、よく話していました。永井さんの基準に従うと、葉には毛（棘のように強く、手で触ると痛い）があって表面につやがあり赤味がさし、長さは短めでした。これは、渋谷と岡村（1954）があげた、日本の在来カブの2系統、和種系（アジア系）と洋種系（西欧系）のうちの後者の葉の特徴にあたります。和種系は若狭湾と伊勢湾を結ぶ線（カブラ・ライン）を境として西に分布し、洋種系は東に分布します（青葉1960および1961、中尾1967）。滋賀県はこの境界線が通るユニークな地域で、滋賀県の在来カブとしてよく知られている万木カブ（高島市）、日野菜（日野町）は和種系、余呉のヤマカブラは洋種系の特徴が強く現れます。両系統の交雑品種も多く分類が困難なケースもありますが、私たちが味わった経験では、洋種系のカブには少しほろ苦さがありました。ヤマカブラは、種子の型では和種系（伊藤2012）ないし洋種系（長2015）の交雑系で、葉には洋種系の特徴

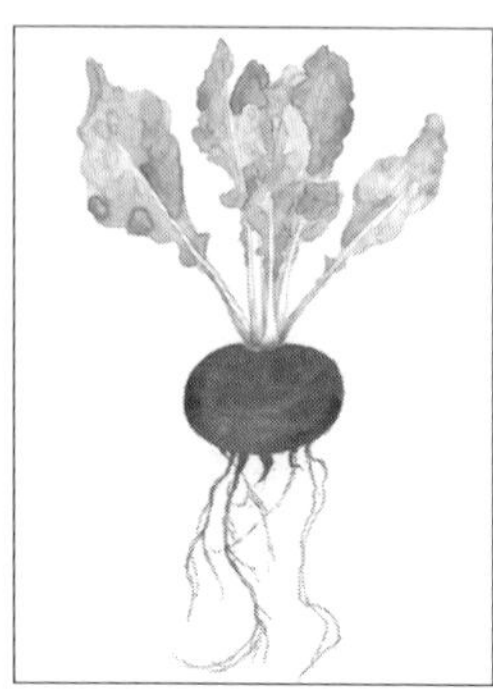

図１　余呉のヤマカブラのさまざまな形（左から扁平の丸型、まん丸型、台形型の例）
出所：ふしはらのじこ作画。

が強く現れます。ほろ苦さの点でも洋種系が強いといえるでしょう。

選抜で重視した点のひとつは、形をととのえること、すなわち、永井さんの葉の基準と、玉の形を再現することでした。選抜には、ヤマカブラの共通形質がよく現れている個体を選ばなくてはなりません。病気がなく、皮はあざやかな濃い赤で、葉はやや短く散開して軸が赤く、表面につやがあり、硬く毛が多いことが、まず必須条件です。そのうえで玉を選択します。中河内のヤマカブラは盛り上がった扁平の丸型、鷲見ではまん丸型、摺墨では細長く台形（下ぶくれ）型が多かったという情報にそって、これらの3型を中心に、ひげ根がなく、左右対称で主根がきれいに伸びている個体を選びます。

私たちは、秋に焼畑で収穫したカブの中から選抜した個体を、滋賀県立大学環境科学部圃場実験施設の畑に移植、栽培し、翌年6月に採種しました。丸、台形、樽型、長いもの、また中まで赤みの強いもの、早く大きくなる「早太り」など10ほどの形質、そして原種についても、それぞれよいと考える個体を選んで畝を分けて植えました。数は各形質30個体以上を目標としました。アブラナ科野菜の採種時に交雑を防ぐ方法を参考に、花が咲く前に0・4㎜メッシュの防虫ネットのトンネルを各々の畝にかけ訪花昆虫が入れないようにしました。

玉の形をととのえるというひとつ目の目標は、学生の原田朋奈さんが中心になって形を測定してくれた2015年頃には成果が見えはじめ、現在では、丸いものの種子からは約9割、台形は少し遅れていますが、約7割を再現できるようになりました。

4 味をととのえる

選抜採種のふたつ目の目標は、堅すぎる個体をなくすことです。実は、地元の人向けに販売を始めた2012年頃、ゴリゴリと繊維が強すぎて堅いものがあって「このような食えないものを売るとは何ごとか」とお叱りを受けたことがあったからです。私たちもヤマカブラは味はよいが堅い、なかにはゴボウのように堅いものさえあることは知っていましたが、漬物にすれば堅くてもおいしくなるから大丈夫、という程度にしかとらえていませんでした。

写真1　余呉町田戸、安蔵岳西斜面での焼畑準備
ハダレと呼ばれる共有地で、四角い部分で草が刈り採られている。
7月下旬に草が刈られて乾燥され、盆過ぎに燃やされた。
1年目赤カブ、2年目ソバ、3年目アズキという目安で作付けされ、
4年目には場所をずらして焼畑が拓かれた。
出所：1980年ごろ、吉田一郎撮影。

余呉のお年寄りは、ヤマカブラは畑でつくるより焼畑でつくったものがおいしく、歯ごたえもよいと言います。ヤマカブラをつくる余呉の焼畑は、草が黒々としてよく肥えた斜面草地を焼いたものです。写真1は1980年ごろに撮影された写真で、雪崩が起こるため木が大きく育っていない斜面下部の草地（ハダレ）に、これから火入れを行う焼

畑の区画が写っています。また、1959年に調査された尾羽梨の焼畑の写真と記述（宮畑・中沢1973）も同様の内容で、どちらも、立地、形状ともに私たちが現在行っている焼畑とよく似ています。

中河内では、焼畑の下部にダイコン、中部にヤマカブラ、上部にソバを植えたといいます。斜面では下の方に肥料分と水分が多くなりますから、ヤマカブラは肥えすぎず、水はけのよい場所でおいしくできることになります。焼畑のよさがそのことだけに集約できるとは思いませんが、少なくともこの2点が常畑との違いとして抽出できます。播種時に高温に曝されることも、何か効果があるのかも知れません（本書第11章）。

ヤマカブラの堅さは水分の少なさと繊維の硬さによると思われます。水分の少なさは、オイルを使ったサラダにしたり、煮物や漬物にする場合には問題になりません。しかし、繊維が硬いものは、生食や炒め物にするときに水平方向に切ると切り口がざらつくほどです。こういう堅い個体はまだピンポン球程度の小さい段階で出てきます。これは焼畑での栽培方法の工夫だけではなんともならないので、堅すぎないものを選抜することにしました。

具体的には、前述の「形をととのえる」の条件に加えて、玉の柔らかさと、玉のなかの色も選抜することにしました。というのも、ヤマカブラは水平に切ると赤い点が散在する白肌のものが多く、とくに鷲見のものは白みが強く、中河内のものは中身全体が赤かったと聞いたからです。ところが、赤点が濃く現れるものは堅い傾向があるのです。この矛盾をどう克服するかは難題に見えました。

中身の色と堅さの選抜には、意外な解決法がありました。永井さんは「余呉ではヤマカブラの下（しも）を切って畑に植え替えて翌春にタネ採りをした。そうすれば他の野菜やカブラと交雑しないといわれている」と教えてくれました（竹本1991にも「先祖返り」を防ぐ工夫として記述）。さらに、永井さんの「摺墨山菜加工組合」の漬物事業を担ってきた池畑芳美さんは「漬物にするカブラを洗って根を切り取るとき、玉があまり堅いものははねる」と言い、池畑さんのこの選択で堅すぎるカブラが混じることなく、評判の高い漬物ができていたとわかりました。それならば、カブラを切って中の色と堅さを確認して選抜すればよいわけです。のちに、これこそが中身が赤いヤマカブラを維持するために中河内の女性がおこなってきた方法とわかりました（本書第10章）。

しかし、カブの選抜や品種の維持には難しい点があります。外見は異なっていてもカブと同じ種（*Brassica rapa*）の野菜には、白菜、小松菜、水菜や、菜の花、チンゲン菜など多くの種類があります。カブはこれらの同種野菜と交雑しやすく、自分自身とは受粉しにくい性質（自家不和合性）があって、近くに植えて採種していると、交雑して数年で違うものになってしまいます（土松ほか2019など）。

そこで、温海カブや日野菜の原産地では、それら以外の菜（同種野菜）を植えることが禁止されていました（山崎・江頭2009）。黒田（2013）は、前述のカブの下部を切り取る方法が、余呉だけでなく、かつて全国のあちこちで行われていたことを指摘し、それを「下切」と名づけました。そして、ヤマカブラの玉を半分ほど切り取って植え直すと、開花が早まり他の同種野菜が咲く前に多くが結実したと報告していますから、「下切」には同種野菜との交雑を防ぐ効果があるのだと考えられます。

その結果、2つ目の目標である「堅すぎる個体をなくす」という、食べる時の不都合をほぼ解消することができました。

5 生き物がにぎわう焼畑をめざして

選抜採種を7年以上繰り返した結果、2つの目標、形の揃った系統をつくることと、堅すぎるものがなくよりおいしいカブにすることは、おおむね達成することができました。

はじめの頃は、種子の量が足らず市販のカブ品種の種子も播いていましたが、ここ数年は、採種量が増えたことでヤマカブラを焼畑の全面に播けるようになりました。さらに今では余剰の種子を地元関係者に分けて栽培してもらえるようにもなっています。選抜した種子の性質を伺ったところ、「失われた中河内のヤマカブラ系統に似た形のものがあって、昔のカブに戻った気がする」「漬けた時の堅さはちょうどよい」「中河内は秋早く寒くなるせいで市販のカブでは大きくならないが、これはよくできた」と、三者三様の高い評価が返ってきました。

このように、原種から好ましくない形質を除き、よい形質を残して玉の形が異なる数系統をつくり出すことに成功し、「焼畑でつくったヤマカブラをもう一度食べたい」といわれた（黒田２０１２）ことの実現に近づいたと考えています。しかし、まだ、かつての中河内に伝わった扁平で上が盛り上がった形が再現できたとも、中が真っ赤な系統の分離ができたとも言いきれません。

一方、新たな課題が出てきた可能性もあります。ここ数年、以前にはなかった黒斑病が出るようになっています。おもな理由は、夏の終わりから秋にかけての長雨と間引きの不十分さと考えていますが、選抜して各系統を純粋に近づけることを続けたことが耐病性を落としたのかもしれません。ヤマカブラと同じように藤沢カブを選抜で復元した山形大学の江頭宏昌教授から、「同じ系統内で選抜を繰り返すと脆弱になる傾向があるため、それを防ぐために選抜した親株の中に元の系統（原種）を数本混ぜるとよい」というアドバイスをいただきました。実は、このようなアクシデントは毎年のように何かしら起きていて、問題なく収穫が成功したことはほとんどありません（本書第11章）。

しかし、選抜採種が一定の成功をみたことで、二つの新たな動きが始まりました。

ひとつは、近隣や都市の人々に向かって情報発信を始めました。焼畑でできたヤマカブラは、京都のお店などへの販売が順調に増えています（本書第13章）。

もうひとつは、2年目以降の作付けと収穫の試みです。まだ試行と種子を増殖している段階ですが、2019年から、余呉でのかつての輪作体系（作り回し）を参考に、ソバ、アワ、ヒエ、アズキ、エゴマなどの作付けをはじめました。うまく育つこともあれば、獣害防止の電気柵の管理不備でシカなどに全て食べられてしまったこともありました。今後、農薬を使わず健康で味のよい作物を求める人に、ヤマカブラとともに、このような雑穀や豆なども届けることができないかとも考えています。

その一方で、生態系との関係も学ぶ機会を得ています。私たちは火入れする前と、焼畑のあと放置した場所の植物や、そこの土中に眠っている種子（埋土種子）についても調査を続けてきました（奥野・籠谷2012、本書第11章も参照）。本章では詳しく述べる紙幅がありませんが、焼畑をつくることは植物の種類数を減らさず、少なくとも数年間は、明るい場所が好きな植物の種類を増やすことができる（三輪ほか2019）ことは指摘しておきたいです。日なたを好む植物は、かつて伐採されていた雑木林やスギ林が、燃料革命や木材価格の低迷によって放置され暗くなるなかで、絶滅しそうになっているものが多く出ています。その状況は動物の場合も同様で、開けた場所で餌を捕るイヌワシ、クマタカやサシバのような猛禽類が餌を見つけられず困っています。私たちが焼畑をつくった後の草地にイヌワシが飛来して、低く飛びながら下を見ている姿を見る機会がありました。そこにはノウサギも棲んでいるので、餌場になりうる場所と認識しているのでしょう。焼畑をすることで、植物も動物もかえってくる可能性が大いにありそうです。

ヤマカブラと関わることで、このような動植物を含めた生態系の中での焼畑のあり方を学ぶよい機会を得ています。この学びを今後も続け、仲間とともに、焼畑のヤマカブラが次世代へ食べ継がれていくことを目指したいと思います。

注

（1）カブの在来品種が多く残っている県は山形県と滋賀県です。山形県では最近まで多くの地域で焼畑がおこなわれており、それぞれの在来カブを栽培していました（江頭２００７）。山形県のいくつかの地域（例えば尾花沢市牛房野・六車２００４）や石川県の白山麓ではカブの種は火入れ後間もなく、まだ土が熱いうちに播きます。江頭（２００７）は、カブの品種のうちには熱耐性があるものが多く、60℃以上の熱に曝されると発芽がそろうことを実験で示しています。このことは多くのカブの品種が焼畑での栽培で選択されてきたことを示唆します。ヤマカブラも、まだ地面が暖かいうちに播種しても問題なく発芽すること、中河内の川下にある菅並では「草や木を焼いたあとの灰に暖かさが残っているその日のうちに種を播くことも多い」と記述した記録（竹本１９９１）があること、実験すると実に80℃にあてた場合の発芽が最もよいこと（本書第11章）から、やはり焼畑で選択され適応してきたといえそうです。

（2）私たちは早く育つものを「早太り」と名づけて選抜を始めました。これは生産性も上がるので、うまくいけば一石二鳥です。

（3）実際に、昔のヤマカブラは全体に堅く、繊維の強いものもあったようです。しかし、そのような非常に堅いものでも、かつての利用法の大部分を占めた「ぬか漬け」にして時間が経つと柔らかくなって、問題にならなかったために残ってきた可能性があります。

参考文献

青葉高（1960）「東日本各地に分布するカブ在来品種の類縁関係と導入経路」『農業及び園芸』35（11）、1729～1732頁

青葉高（1961）「本邦蔬菜在来品種の分類と地理的分布に関する研究（第3報）中部地方北西部のカブ在来品種の類縁関係と地理的分布」『園芸学会雑誌』30（4）、318～324頁

青葉高（1981）『野菜――在来品種の系譜』（ものと人間の文化史43）法政大学出版局

伊藤友美（2012）「滋賀県余呉町に焼畑とともに残された「山カブラ」」京都学園大学バイオ環境学部卒業論文

江頭宏昌（2007）「山形県の在来カブ――焼畑がカブの生育と品質に及ぼす効果」『季刊東北学』11、106～116頁

奥野匡哉・籠谷泰行（2012）「滋賀県における落葉広葉樹二次林の埋土種子集団」第123回日本森林学会大会講演要旨

長朔男（2015）「滋賀県在来カブの継承に向けた実践的研究」滋賀大学大学院教育学研究科2015年度修士論文

賀曽利隆（1983）「滋賀県湖北地方 姉川水系上流部の焼畑」『日本観光文化研究所研究紀要』3、12～21頁

Kubo, N., Ueoka H. & Satoh, S. (2019) Genetic relationships of heirloom turnip (Brassica rapa) cultivars in Shiga Prefecture and other regions of Japan. *The Horticulture Journal* 88 (4): 471-480.

黒田末寿（2012）「滋賀県余呉町の1960年代の焼畑と実地に学ぶ焼畑」矢島吉司・安藤和雄編『ざいちのち――実践型地域研究最終報告書』京都大学東南アジア研究所実践型地域研究推進室、77頁

黒田末寿（2013）「下切による採種法――ひとつの在地の知を受け継ぐ　その1、2」『実践型地域研究ニュースレター　ざいちのち』№51、52、京都大学東南アジア研究所実践型地域研究推進室、3頁、2頁

佐藤茂・久保中央・中谷花詠（2020）「滋賀県在来赤カブの特徴と多様性」『園芸学研究』19（1）、1～6頁。

渋谷茂・岡村知政「種子の表皮型に依る本邦蕪菁品種の分類」『園芸学雑誌』22（4）、1954年、43～46頁

鈴木玲治（2012）「余呉のヤマカブラ」『実践型地域研究ニュースレター　ざいちのち』№44、京都大学東南アジア研究所実践型地域研究推進室、1頁

竹本康博（1991）「湖北の赤蕪と焼畑」『民俗文化』332、3716～3718頁

土松隆志・安田晋輔・高田美信・北柴大泰・新倉聡・藤本龍・柿崎智博（2019）「アブラナ科植物における自家不和合

性研究の最前線と育種現場での利用」『育種学研究』21（1）、61～68頁
中尾佐助「農業起源論」森下正明・吉良竜夫編『自然――生態学的研究』中央公論社、1967年、329～494頁
野間直彦・河野元子（2020）「在来品種ヤマカブラの継承とおいしさの再発見」『農業と経済』86（6）、70～74頁
宮畑巳年生・中沢成晃（1973）「高時川源流地域の民俗」『高時川源流地域学術調査報告書』227～289頁
三輪歩樹・稗田真也・小﨑和樹・森小夜子・古川沙央里・辻本典顯・奥野匡哉・渡部俊太郎・野間直彦（2019）「焼畑の火入れが植生に与える影響」龍谷大学里山学研究センターシンポジウム（ポスター発表）要旨
六車由実（2004）「東北の焼畑――北からの農耕文化論の試み」『自然と文化』76、58～65頁
山﨑彩香・江頭宏昌（2009）「山形県庄内地方における在来カブの種類とその利用方法」『山形大学紀要（農学）』15（4）、293～307頁

焼畑のヤマカブラを食べ継ぐ——おいしさに気づき、変化をめざして

総合地球環境学研究所
河野　元子

1　余呉焼畑のヤマカブラ

「まるで「生き物」のようだった」。2020年秋、長浜の「わっか農園」の貴島俊史さん[1]から送られてきた箱を開けた時、京都・哲学の道に在るレストランMonkのオーナーシェフ、今井義弘さんは、凄いものがやってきた、とその時の印象を興奮気味に話してくれました[2]。その凄いもの、それこそが滋賀県北部長浜市余呉の焼畑でつくられたヤマカブラです。

滋賀県は、在来カブの宝庫で有名ですが、赤カブだけをとっても、高島の「万木」、米原の「赤丸」、彦根の「小泉紅」など、さまざまな品種があります。余呉のヤマカブラは、かつての焼畑でその1年目につくられた赤カブの在来品種で、煮る、焼く、漬ける、などすべての調理に時間が長くかかりますが、調理されたヤマカブラの一皿は、他のカブと一線を画して、色鮮やかで力強い味わいを醸し出します（野間・河野2021）。

ヤマカブラは、故郷である余呉の集落のあちこちで、1960年代まであちこちでつくられていましたが、焼畑がされなくなって影をひそめていきました。しかしながら、私たち「火野山ひろば」の活動の一環として、2007年より、地元に残る在来種のタネの選抜採種を行い、その復元にたどりつきました。2018年頃からは、ヤマカブラを知ってもらおう、と近隣都市につなげるための試みもはじめました。そこには、次の世代にこの種を繋ぎたいというメンバー共通の思いがあります。

では、いかにすれば余呉のヤマカブラは食べ継がれていくのでしょうか。この章では、これまでの章であまり説明されてこなかった流通・消費の側面、とりわけ「食べる」ということに焦点をあてて考えてみるようにします。第1に、現在、ヤマカブラはどのように認知され、食べられているのか、試食とアンケート調査をもとに説明します。第2に、あらたな食べ方を提案する料理人とその調理法は伝統的なものとどのように違うのか、ヤマカブラと都市料理人の出会いと創意工夫の特徴を追ってみます。その上で、変化の中でおきる「ヤマカブラのブランド化」の可能性と今後の課題について示し、結びにかえるようにします。

2　ヤマカブラを今、食べる

焼畑のヤマカブラは今、とりわけ生産地の外でどのように認知され、感じられているのでしょうか。まずはスープを試行錯誤しつつ調理して、友人や知人、その子供たちを自宅に招き、食事会に供して感想を聞くことにしました。次に、他の在来種の赤カブとの比較のための簡略なアンケート調査を行いました。

ヤマカブラのスープ

2019年秋から冬、また2020年の食事会で明らかになったことは、地元出身以外の多くの人がヤ

Recipe

ヤマカブラと白カブは適宜、玉ねぎはざく切りにする。

ヤマカブラの葉はさっと塩ゆでにして水気を切る。

厚手鍋にオリーブ油を入れ、玉ねぎを中火でさっと炒める。

ヤマカブラを入れて、油を馴染ませ、塩または塩麹で薄味をつける。

水をひたひたになるまで入れて、中火で沸騰させ、弱火で1時間ほど煮む。途中でさし水をする。

柔らかくなったら火をとめて、粗熱をとる。

ブレンダーでなめらかになるまで攪拌し、ふんわりとする。

濃度がこく、ふんわりとならない場合は水を加えてゆるめるとよい。

白カブもヤマカブラ同様に煮る。

白カブは30分ほどで柔らかくなる。

別々の鍋に戻し入れて温めなおす。

スープ皿に熱々のヤマカブラのポタージュを注ぎ、その上に一回り小さく白カブのポタージュを注ぐ。

トッピングに一口大に切ったカマンベールと湯がいておいたヤマカブラの葉軸を飾る。

ポタージュの上に粗塩をふる。

ヤマカブラ
白カブ
玉ねぎ
ヤマカブラの葉
カマンベールチーズ
オリーブ油
塩
粗塩

図1　ヤマカブラと白カブでスープをつくる
出所：イラスト＝西村佳美、調理・レシピ＝河野元子

マカブラをはじめて口にしたことです。その鮮やかな色が新鮮に映ったこと、また、生クリームや牛乳を入れたり、カマンベールチーズをトッピングしたりと食べやすくしたことも影響してか、ほとんどの大人は色鮮やかで濃厚な味においしいとなかなかの評判でした。子供たちがいるときの食事会では、さらに工夫して優しい味の白いカブのスープと色鮮やかなピンクのヤマカブラのポタージュというツートンカラーのスープ（図1）をこしらえたのですが、ヤマカブラが苦い、と途中でスプーンをおく子が多かったです。年齢があがるとおいしいという子もいましたが、子供には苦手な味なのだろう、がその時の印象でした。

ヤマカブラのアンケート調査①：認知度

アンケート調査は、ヤマカブラの認知度、他の赤カブとの味の比較（スープ状につくったものを使用）を目的に行いました。調査は、２０２０年12月６日、余呉の焼畑現場の作業日に合わせて行いました。対象者は子供２名を含む18名です。火野山ひろばのメンバーおよびその関係者とい

うバイアスと準備的アンケートという性格から限定的であることは否めませんが、興味深い結果を得ることができました[3]。

赤カブとヤマカブラの認知度については、全員が赤カブもヤマカブラも食べた経験がありましたが、多くが焼畑と関わる、または余呉およびその周辺に移住してきたことに伴って食べるようになったようです。もともとの出身地においては、赤カブも、ましてやヤマカブラの存在も知らず、むしろ白カブとの馴染みが深いことが明らかになりました。ほとんどの人が、赤カブもヤマカブラも甘酢漬けをはじめ漬物で食べた経験のみでした。

ヤマカブラのアンケート調査②：在来赤カブとの比較

異なる在来赤カブとの比較は、3つの種類を使いました。琵琶湖湖西の高島が原産地といわれる万木カブ、湖東の米原や彦根で栽培されてきた琵琶湖紅、そして余呉の焼畑で復元したヤマカブラです。それぞれ同量のカブ（830g前後）、オリーブオイル（大匙1・5）、タマネギ（一握り）、塩麹（大匙1）で炒め、水（800cc）をいれて煮込み、スープ状にしました。柔らかくなって串がとおるまでの時間には差がありました。在来の赤カブ2種は約40分に対して、ヤマカブラは、途中さし水200ccを加えて煮込み、1時間半後にやっと串がとおりました。出来上がりの色は異なって、ヤマカブラは鮮やかなバイオレットローズ色、他の2種は、濃淡はありますが、ともに優しいピンク色でした。3種それぞれをカップにいれて、色、味、志向についてこたえてもらいました。漬物の味しか知らなかったのに対し、赤カブラのスープ全体のおいしさは感知されたようです。もっとも支持されたのがヤマカブラで、14名が色、濃さ、独特な味わいのバランスを気に入ってくれました。他方で、4名の回答はあっさりした在来赤カブを好む、またスープとして考えるならば、ドロドロとなった強いポタージュ状ヤマカブラではなく、飲みやすい水分調整が望ましいという意見などがありました。興味深い点として、最年少の5歳の男児の感想の「おいしい」(万木カブ)「おいしい」(琵琶湖紅)「うまい」(ヤマカブラ)があります。この言葉は、その子が言ったとおりを父親がアンケートに書いてくれたものです。前述した食事会では、とくに小さな子供たちは色の美しさには驚きつつも、味は苦いと敬遠したのに、この5歳と7歳の男児兄弟は「おいしい」というのです。彼らの両親は滋賀県外から長浜に移住し、子供たちはそこで生まれています。家や地域の暮らしぶりと関係するのかどうか、考えをめぐらしているところです。

伝統的なヤマカブラの食べ方

余呉では元来、ヤマカブラは糠漬け、間引き菜の塩漬け、甘酢漬けなど自家用の漬物としたり、煮たり焼いたりして食べられてきました。余呉の鷲見では、煮つけは甘みがあり子供も好んだといわれています。中河内では、塩炊きにしておやつにしたり、カブの中心をくり抜いた中にお米と水を入れて炊いたりしたようです。さらに中河内の半明地区では、囲炉裏の火でカブを焼いて中を匙ですくって食べたと古老たちが語ってくれています。[4] 現在、余呉地域に限らず、全国の焼畑でつくられる赤カブの利用でもっとも多いのが甘酢漬けです。大きく豪快に切られたカブの引き締まった食感と酢と砂糖の甘酸っぱさとがうまくマッチして、昔ながらの郷土の味として、ステータスを堅持しています。確かな販路・供給の安定度、おいしさから山形・温海の赤カブは、温海カブとしてブランド化に成功して有名です(第2部参照)。

小括

この節で明らかなように、余呉に関わりを持つ人以外にとってヤマカブラの存在はあまり知られず、知っていても漬物を買い食べるのが大半です。口にしてみておいしさに驚き、生産地の焼畑に関心をもつ人もでてきているものの、その数は多くはありません。消費の側面からヤマカブラが食べ継がれていくことを考えると、まずは知ってもらうこと、おいしさを確認すること、またいかに生産され、つくられるにいたったのか、そこに「気づく」ことが重要ではないかと思われます。そのためには、情報を発信し、コミュニケーションをつくる仕掛けが必要になってくるでしょう。そのキーパーソンとして、素材を大切にし、創意工夫する料理人の存在が大きいと私は考えます。次節では、新たなヤマカブラのおいしさの「気づき」のための「繋ぎ手」となる料理人とヤマカブラの出会いについて追ってみましょう。

3　都市料理人がヤマカブラと消費者をつなぐ

情報の発信

余呉はじめ湖北地方で生産されるヤマカブラは、生産量が限られていることもあって、地元の人の口には入っているものの、前述で明らかなように、けっして認知度が高くない、甘酢漬け以外知らない、調理法がわからないものでした。私たち「火野山ひろば」は、２０１８年頃から、地域外の人にも食べてもらうことでヤマカブラが食べ継がれていくよう、京都および近郊都市の人々に向かって、情報発信をはじめました。

「たねの日」との出会い

火野山メンバーの野間直彦また鈴木玲治と「たねの日」との出会いが大きなステップアップとなりました。「たねの日」とは、京都三条の堺町画廊（伏原納知子主宰）を拠点とし、在来種が失われ続ける現状を憂い、未来の糧を守ることを願ってはじめられた市民の活動です。その運営メンバーである杉山佳苗さん（コーヒー自家焙煎）や西村佳美さん（イラストレーター）はじめの尽力で、余呉のヤマカブラはさまざまな料理人の手に渡っていきました。

ひとつの機会として、ドキュメンタリー映画「よみがえりのレシピ」[5]をオーガニックイタリアンレストランのダ・マエダ（京都市上京区、2021年より Da・Maeda&Lapis）で上映するにあたって、オーナーシェフの前田高弥さんがヤマカブラを料理してくださったこと、そのおいしさを評価してくださったことがありました。その後、京都および近郊のレストランや食堂、パン屋、漬物屋などに広がっていって、2019年秋の収穫ではおよそ10軒、2020年には15軒以上の店に買い取られていきました。ヤマカブラを届けることを通して、料理や店のジャンル、世代を越えた、さまざまな料理人の方々と出会い、意見交換をする機会が増えていきました。その中で、彼ら都市料理人のよい素材、おいしさへの高い感知度、また創意工夫する引き出しの深さを再認識していきました。ここでは、私が直接出会い、インタビューを行い、実際に料理を食べることで考えさせられた、料理人が探求するヤマカブラのおいしさと彼らの姿勢のいくつかの例をとりあげてみます。[6]

都市料理人とヤマカブラ①：薪窯の火で焼く凝縮の味

ひとつめは、今井義弘さん（Ｍｏｎｋオーナーシェフ、京都市左京区）の仕事です。Ｍｏｎｋは薪窯の料理を提供する14席の小さなレストランです。開店して4年、海外からの口コミのゲストが多く、現在でも予約がとりづらい人気店です。Ｍｏｎｋでは、全ての皿が薪窯の自然の火を使って調理されます。お店には天井に至る大きな薪窯が据えられ、窯の入り口のすぐ横に、その日の野菜たちが並んでいます。今井さんは著書 *Monk: Light and Shadow on the Philosopher's Path*（Imai 2021）で、「人は、自然の火で調理された食物を本能的に「おいしい」と思うようにできているのではないか」「とくに野菜は、高温で一気に加熱されるため、乾燥せず野菜自体のジュースが閉じ込められ、味が凝縮される。薪窯で焼くのが、野菜を食べるのに一番おいしい調理法だと私は信じている」（原文英語）と語っています。野菜へのこだわりは強く、ほぼ毎朝、大原まで出向き野菜を調達するそうです。本稿の冒頭でふれたように、はじめて余呉のヤマカブラを見たときの驚き、薪窯で焼いた時の素晴らしさ、を語ってくれました。ふつうのカブならば、大玉でも10分くらいも焼けば十分なのに、ヤマカブラは20分程度焼かないと仕上がらない、その力強さ、頑固さゆえのおいしさに出会えたことを喜んでくれ、これからも使い続けたいと嬉しい言葉をかけてくれました。

訪れた際の初夏の野菜は加茂なすで、じっくりと焼かれた、とろけるような濃厚な甘さは、それはおいしいものでした。頭の中ではヤマカブラの味を想像しつつ、目の前では火が素材のおいしさを引き出す力を体感することになりました。今井さんは「火のもつ香り、色、音、熱に私たち現代人もまた惹きつけられるのだろう」とも綴っています（今井２０１４）。現代人が火に惹きつけられることは、今、日本で焼畑のあり方が見直され、関心が広がっていることと実は近い感覚のように思われて仕方ありません。

都市料理人とヤマカブラ②：磨き上げた漬物の味

つぎに紹介したいのが、創業明治5年、五代つづく町のお漬物屋、井上昌則さん（井上漬物店の若当主、京都市下京区）です。[7] 小さな漬物屋だからこそできる手作業を大切に、伝統的な漬物の製法を守りながらも、代々の「新しいもん好き」の先取の気風をもって、時代に応じた漬物作りに取り組み、昔ながらの漬物を愛する人、面白い漬物を求める人双方においしさを届けることをめざしているそうです。例えば、四代目は、伝統的な日野菜漬けを甘めにつけて辛味と苦みも和らげ、現代向きにしたり、現当主は、ハーブなどを取り込んだピクルスをつくって洋食に合う漬物をつくったりされています（ホームページに詳しい）。

使う素材へのこだわりも大変強いです。現当主の昌則さんは、漬物づくりを始めた当初、使う野菜は有機、塩や昆布や酢はじめ最高級のものを求めたそうです。しかし、有機野菜と最高級といわれる各調味料とをあわせると最高に「おいしくなる」というわけではない、何より重要なことはデパートのお客さんにも、近所のお客さんにも求めやすく、おいしいものであることだということ、それも基本自分で処理できる量であること、に気づいたそうです。

そんな井上さんにヤマカブラをはじめて届けたのは、2019年秋のことです。初年度はヤマカブラの性質を知るために試作され、翌年2020年の秋、余呉のヤマカブラの糠漬けの商品化に至られました。焼畑のヤマカブラは、汚れ、土やゴミが多い野生児です。それらを丁寧に取り除く作業が重要で、いかに汚れをとるかが仕上がりを左右させると、時間をかけて掃除をするとのことでした。貴重な伝統野菜を絶したくない、品種を残す手伝いをしたい、しまいには「ヤマカブラに入れ込んだからか、いつもの沢庵の味がいまひとつあかへんかった」と専心ようを聞くことになりました。仕上がった糠漬けは、すぐきのような酸味と、独特の歯応えの色鮮やかな一品で、食卓に余呉の焼畑の風景が広がりました。

都市料理人とヤマカブラ③：女性料理人たちの仕込みものの味

最後は、強い意志をもって調理に挑む3人の女性料理人たち、安田尚美さん（菜食料理店「サルーテ」オーナーシェフ、京都市南区）、大東澄江さん（天然酵母の石窯パン「イル・チエロ」店主、京都市伏見区）、神太麻多華子（こだまたかこ）さん（野生天然酵母のパンと料理「月麦の音」主宰、滋賀県大津市）です[8]。

彼女たちはヤマカブラをどのように扱うのでしょうか。図2にイラスト化しました。まずは、尚美さんです。もっとも驚かされたものが、ヤマカブラの葉とナッツをマリネし低温で焼き上げたヤマカブラの葉のスナックです。栄養価がたかく手軽で、菜食ベースの、とくにアスリートに人気があるとのことです。生来胃腸が強くなかったという尚美さんは、通常食が身体に合わない人たちを想い素材を選び、その一方で生産者を想いつつ工夫して料理をつくると言われます。当然ながら、おいしくないわけがありません。つぎに澄江さん。何といってもフォカッチャです。ヤマカブラがころころと入った石窯で焼かれた古い時代の製法のパンは、トースターで焼き戻すと、もちもちした食感とヤマカブラの香りがマッチして、鮮烈な印象を残します。ヤマカブラの葉とナッツを練りこんだクラッカーも秀逸です。また葉っぱですんき漬けをつくったりされています。「滋味深く、がつんと主張した味わい」と気に入っていただき、澄江さんが創り出すおいしさが、食べる人の心に届きます。そしてたかこさん。彼女の焼く野生天然酵母のパンは、噛みごたえがあり、深みのある味です。酵母は自然に存在するもの、例えば、春ならば八重桜やシロツメクサ、

ヤマカブラの葉のスナック

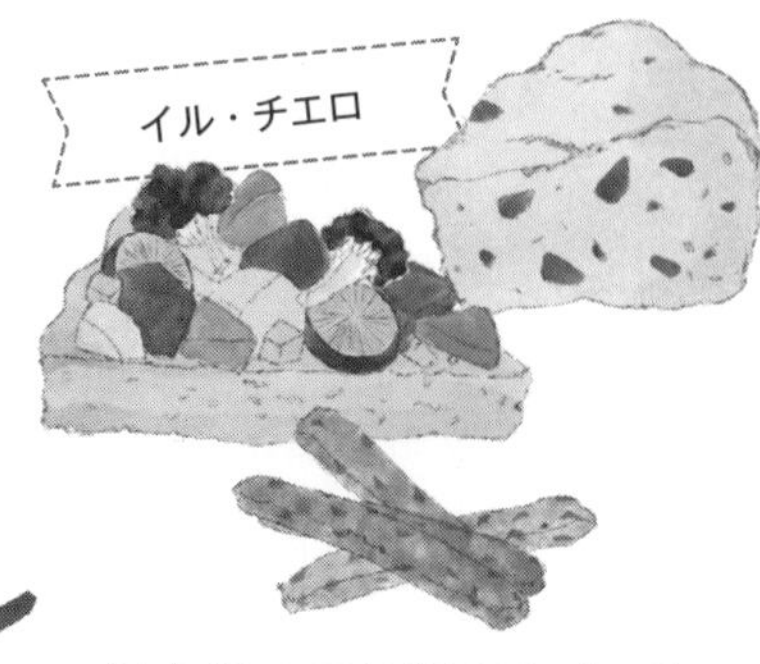

（上から）ヤマカブラのフォカッチャ
季節野菜のブルスケッタ
ヤマカブラの葉っぱのクレシェンテ

月麦の音

ヤマカブラ酢飯の椿寿司　3種

図２　女性料理人のつくるヤマカブラの創作料理
出所：西村佳美作画。

夏には桃の種と皮やブルーベリー、秋には梨や山法師、冬にはリンゴやみかん、と山野まで素材を求めてあります。たかこさんは、これらを「この子たち」と呼んでいますが、ヤマカブラは仲間入りができていません。「この子を酵母づくりの瓶に閉じ込めるのも、パンの中に入れ込むにはなかなか頑固で難しい」からと言います。でも、そんなヤマカブラが好きと、カブラ鮓やカブラ酢など仕込みもの／発酵料理を創られています。形かえても存在感は半端なく、いやそれ以上で異形の「生き物」を見るような仕上がりです。

「野菜は待ってくれない、新鮮な間にやらなければ」「酵母は生きている、この子たちの時間にあわせなければ」と、彼女たちは時に寝る時間を惜しんで野菜を刻み、酵母を見守ります。女戦士のようにかっこよい3人ですが、秋のヤマカブラの到来をお客さんとともに心待ちにしている優しい「繋ぎ手」でもあります。

小括

5人の料理人たちの一皿は、焼物、漬物、パンや菓子、発酵料理とさまざまです。しかし、いくつかの共通点があります。第1に、料理人たちにもヤマカブラは知られていない存在であったこと、第2に、しかし、五感でその存在の凄さをすぐにキャッチし、積み重ねた知識と技術、感性と哲学をもって料理を創造できること、第3に、手作業ベースの小さなスケールのビジネスであること、第4に、全員がSNSはじめ情報発信を頻繁に行う人であることです。他にもいくつかあげることができますが、量産ができない余呉のヤマカブラには、このようなスタンスの料理人と結びつくことが、需要供給のバランスにおいても、その発信力から付加価値を高める点においても、重要ではないかと考えます。

実は、滋賀県内の日本料理の名店からも試してみたい、という声をもらっています。例えば、鮒ズシや湖魚料理で有名な料亭「湖里庵」の左嵜謙祐さん（滋賀県高島市）や、素材探しに余念なく、おいしさへの探求心、発信力抜群の「ひさご寿司」の川西豪志さん（滋賀県近江八幡市）です。おふたりのコース料理にヤマカブラがどのように登場するのか、想像しただけでわくわくします。

4 ヤマカブラのブランド化の可能性を考えて

焼畑のヤマカブラが食べ継がれていくにはどのような仕組みが大切なのか、本章では「食べる」という視点から現代消費者の意識、一方であらたな調理法を展開する都市料理人の創意工夫と姿勢について検討しました。生産地の外の都市および近郊においては、一般消費者にとっても、料理人にとってもその存在は知られていなかったこと、しかし、その野性味あふれるおいしさに驚きの発見があることが明らかになりました。食べ継がれていくには、まずは、その存在を知ってもらうことが出発点になり、つぎにどのように食べるのか、つくるのか「気づき」の情報の発信が必要になってくるでしょう。その仕組みを動かすための一翼に、素材を大切にし、情報発信し「結んでいく」都市料理人がいると考えます。地元の旬の食材を使う料理人たちが、丁寧に料理をつくり客に提供する、一方で今までとは違うそのおいしさを発信する、そこに「面白い、楽しい変化」がおきるのではないでしょうか。実はそのような「磁場」づくりが、余呉ヤマカブラのブランド化を可能にしていくように思われます。

ただし、このようなブランド化をすすめるには、いくつかの課題、たとえば、最終消費者のターゲット、需要と供給のバランス、流通のしくみ、今後の生産の担い手などがあります。ここでは、一例として、適正価格を含めた流通のしくみについて触れておくことにします。余呉のヤマカブラは、焼畑の見直しと次世代に繋ぐことを目的に私たち「火野山ひろば」で復元を行ったものです。研究的側面からはじまったもので、商売を目的にしたものではありません。他方、主要メンバーは研究畑の人間が多く、本業の制約もあって、量産ができていません。ヤマカブラの復元の成功の中で、まずは知ってもらおうと紹介をしていっているのが現状です。需要先(個人消費者、マルシェなどでの小売り、都市および近郊の料理人)に対しては、供給元である私たち「火野山ひろば」のメンバーが届け買ってもらっています。そこには、一般的な流通でみられる中間業者が存在せず、相対取引というかたちになっています。何より小さな焼畑づくりでも、その地の生命力にあふれた旬の素材を使いたい人と繋がることで、大手による、いわゆるスタンダードな素材の提供とは違う存在として付加価値が生まれる(9)、ひいてはブランド化の可能性があると思います。ただ、消費者のニーズが高まってくることを考える時、より無駄のない取引のあり方、利用者や消費者が納得いく適正価格など流通システム全体をどうするのか、など大きな課題があることは確かです。しかし、野生児のヤマカブラのおいしさを想うとき、次世代に届けたいと思うのは私ひとりではないでしょう。そのためにも、知恵をだしあって課題を越えていくための、ヤマカブラをめぐる仲間づくりが広がっていくことを期待したいと思います。

注

(1) 余呉近くの木之本に京都から移住してこられた「わっか農園」の貴島俊史、かなえ夫妻は、自然農法による野菜を使ったパンや焼き菓子づくりの仕事と合わせながら、余呉の焼畑づくりにも参加し、ヤマカブラをマルシェで販売、レストランなどへの紹介もされています。今は、「火野山ひろば」の協力者となって積極的に活動に参加されています。

(2) 今井義弘さんへの2回のインタビュー(於、レストランＭｏｎｋ、２０２１年６月)。

(3) 対象者のおもな属性は、性別(男16、女2)、年代(10歳以下の子供2、10～20代7、30～40代5、50～60代2、70代2)、職業(学生7、自営4、大学など研究者5、子供2)、出身地(滋賀県3、滋賀県外15)、現居住地(滋賀京都17、他1)です。

(4) 漬物や煮物と比べ、焼くという調理法については、余呉では一般的ではなかったようです。ただ、他地域の利用としては、以下のような記録があります。「会津地方の焼畑では、舘岩蕪と呼ばれる赤カブが栽培され、小さなカブを葉ごと縄で編んで軒につるし、囲炉裏で焼いて食べた」(佐々木１９９９)。

(5) 山形の在来作物と種を守り継ぐ人々の物語を描いたドキュメンタリー(２０１１年作)です。在来作物はながく世代を超え、伝えられてきた「生きた文化財」にもかかわらず、高度経済成長の時代に適応できず忘れ去られてしまってきました。しかし、社会の価値観が多様化する中で、独自の料理法で在来作物の存在に光をあてた山形県鶴岡市のイタリアンレストランの奥田シェフ、焼畑農法を研究する江頭教授、そして手間を惜しまず種を守り続ける農家の人たちが、ともに在来作物また地域の魅力を探るドキュメンタリー映画で、これまで全国３００か所以上、今なお自主上映が続いています（「よみがえりのレシピ」公式サイト参照）。

（6）事例は、料理研究家の辰巳芳子のいう、３通りの種類、ものそのものの味わい、調理したもののおいしさ、熟成したもの、ねかせたものの美味を念頭に選んでみました（辰巳２０１３）。

（7）２０１９年秋より、複数回にわたってインタビューを行っていますが、客として店を訪れることのほうが多くなっています。

（8）３人とは「たねの日」の西村佳美さんを通して、２０１９年から２０２０年にかけて知り合いました。彼女たちの創る料理やパンを、話を聞いては元気をもらい、ＳＮＳに投稿される写真や文章を読んでは、また食べたい、話したい、と今は親しい友人です。

（9）Santich(2007)、ジャン・ヴィトー（２００８）、藤原（２０１４）はじめを参考にして考えてみました。

参考文献

今井義浩（２０１４）『CIRCLE　エンボカ京都　料理と風景』今井義浩発行

Imai, Yoshihiro.(2021) *Monk: Light and Shadow on the Philosopher's Path.* London and New York, Phaidon Press.

佐々木長生（１９９９）「蕪をめぐる民俗――会津地方を中心に」赤羽正春編『ブナ林の民俗』高志書院、96～98頁

ジャン・ヴィトー（２００８）『ガストロノミー――美食のための知識と知恵』白水社、55～56頁

辰巳芳子（２０１３）「「仕込みもの」を手がける心」『仕込みもの』文化出版局、6～7頁

野間直彦・河野元子（２０２０）「在来品種ヤマカブラの継承とおいしさの再発見」『農業と経済』86巻6号、70～74頁

藤原辰史（２０１４）「「食べもの」の幻想」『食べること考えること』共和国、15～25頁

Santich B. (2007)"The Study of Gastronomy: A Catalyst for Cultural Understanding" *The International Journal of the Humanities,* Volume 5. Number 6.

結節点としての焼畑──外部者の関わりが生み出す可能性

高知大学
増田　和也

1　外部者による焼畑実践は何をもたらすのか

「増田さんたちがやっている焼畑は、私の知っている焼畑とはちがうようですな」。私たちが焼畑のために中河内へ通うようになって4年目の2011年、余呉町内の摺墨集落在住の山内一弘さんが、国道から一望できる私たちの焼畑を通りがけに見て、後日そのように私に話したのでした。山内さんが暮らす集落も高時川水系の山間部に位置しており、1960年代まで焼畑が拓かれていました。聞けば、山内さんが記憶する焼畑というのは、ススキが一面に生えてカヤバシとよばれる草地に拓くものであり、私たちがするように低木林を中心とする斜面を切り拓くものではなかった、というのです。それは、少年期に焼畑を実際に見てきた経験をふまえての率直な声でした。

焼畑に関心をもった外部者が集まり、地域で途絶えた焼畑に再び取り組みはじめたものの、私たちがそれまで思い描いていた焼畑像と地域で実際になされていた焼畑にはズレがあったのでした。しかし、このズレは私たちの取り組みのなかできわめて大きな発見であり、その気づきは、その後も10年以上も続いている焼畑実践の方向性や地域との関わりにとって大きな意味をもつことになりました。

本章では、こうした経験も含め、これまでの焼畑実践のプロセスをたどりながら、3つの点について示していきます。ひとつ目は、地域で経験的に伝わってきた知識や技術、すなわち在来知というものは、実践を通じて浮かび上がるものが少なくない、ということ。2つ目は、試行錯誤を重ねるなかで、私たちの関心や視野が焼畑そのものだけにとどまらず、その他の山との関わりや暮らし全体へと次第に広がり、それらとの関連性のなかに焼畑を位置づけるようになってきたこと。3つ目は、外部者としての実践の継続が新しい関係性を地域に生み出しつつある、ということです。

そして最後にこれらをふまえながら、現代社会における焼畑実践が「過去と現在」「地域と外部者」をつなぐ、かけがえのない結節点であることを述べます。

2 実践のなかで立ち現れる在来知

在来知

焼畑を実際に拓くにあたって、それについての手引書や実用書は存在しません。民俗学や地理学などの研究書には各地の焼畑についての事例が紹介されており、これらを通じて焼畑農法の個別事例、あるいは一般論を知ることはできます。とはいえ、焼畑とは植生の伐開と火入れによって耕地を拓いた後、基本的には施肥や農薬散布などをせず、地域の自然生態系がもつ潜在的な生産力に深く依存する農法です。そのため、地域間の自然・地理的条件のちがいにより焼畑の技術には地域差が生まれます。そこで頼りになるのが在来知です。

在来知とは、それぞれの地域に暮らす人びとの経験を通じて培われ継承されてきた知識や技術のことです（本書第1章）。一般的に、それらは書物などに記録されることは少なく、日々の暮らしのなかで体験とともに習得され、親から子へ、あるいは地域内で共有されるものです。それらは人びとの頭のなかで体系だって整理されているわけではありません。日々の生業を進めるなかで具体的な事態に直面して、「この時にはこうする」というように、そうした知識が記憶のなかから引き出されるものだからでしょう。

そのため、現場作業に関する説明は、その場を離れてしまうと細部におよぶ説明には至らず、大枠あるいは概要としてまとめられがちです。私たちは事前に地元の焼畑経験者から話を伺っていましたが、今から思えば、それは通り一遍の内容にすぎなかったのかもしれません。あるいは、現場経験の少ない私たちが、経験者の言葉を実感とともに十分に理解できていなかったのかもしれません。

いずれにしても、どのような場面で個々の在来知は浮かび上がってくるのでしょうか。私たちの経験では、それは物事がうまくいかない時や失敗してしまった時です。たとえば火入れ時の「逆焼き」（本書第9、11章）がそうです。また、そうして浮かび上がった在来知を試そうとしてもうまくできなかったり、実践するなかで新たな疑問が浮かび上がってきたりすることがあり、それが実践を次のステップに導くこともあります。以下では、こうした事例を紹介します。

コオロギが害虫

コオロギというと、その鳴き音とともに秋の風情を感じさせる昆虫です。しかし、コオロギが農作物への食害をもたらすということを、私たちは4年目の焼畑実践ではじめて知ることになったのです。

「発芽したカブラが焼畑からなくなっている」。2011年の9月中旬、焼畑の師匠である永井邦太郎さんから連絡が入りました。当初はシカによる食害か、この時期に発生するカブラハバチ（通称クロムシ）による仕業かと思われました。その後、知らせを受けて現場に駆けつけたメンバーが、焼畑地にやたらとコオロギの姿を見かけることに気がつきました。中河内の住民にこうした状況を伝えると、地域ではコオロギが食害をもたらすことは周知のことで、その対処方法として「コオロ焼き」を教わったのです（島上2011）。

それでは、なぜこうした状況となったのでしょうか。原因はその年にコオロギが大量に発生したことが大きいのですが、その後の検討により、焼畑への火入れ時期が大幅に遅れたことが被害を大きくしたことがみえてきました（本書第11章）。中河内の慣行によると、火入れは盆（8月13～15日）前までに終えるものとされます。しかし、この年、私たちが火入れを実施できたのは8月30日でした。その理由には、外部者が焼畑実践を行う上で避けることのできない大きな課題が関係しています。

当初、私たちは慣行にしたがって8月最初の週末に火入れを予定していました。しかし、その前日に降雨があり、火入れを翌週末に延期しました。火入れを週末に再設定したのは、湿った草木を再度乾燥させる期間が必要であることはもちろんですが、メンバーは平日に各自の仕事を抱えている上に、火入れに多くの一般参加者を募っていたためです。しかし、不運にも翌週末も好天には恵まれずに火入れは再延期となり、結局、天気とメンバーの都合との兼ね合いから8月末となってしまったのです。

この出来事を機に、火入れを盆前に終えることの意義に農学的・生態学的観点からあらためて気づかされた（本書第11章）と同時に、自然任せの要素が大きい焼畑実践に外部者が、しかもグループで取り組むことの困難さを痛感したのでした。以来、当初予定していた火入れが延期となった場合には、参加できるメンバーだけで柔軟に対応し、盆前に火入れが終えるようにしています。

焼畑はススキ草地で

「焼畑にもっとエエところがある。ワシが前から目を付けていたところや」。2011年の収穫祭で、その年の区長である小谷和男さんがそう言いました。メンバーがその場所へ案内してもらうと、その現場を前に唖然としました。目の前に広がっていたのは、私たちが予想していたような雑木林ではなく、山裾の斜面に広がるススキ草地でした（写真1）。いったいどこが焼畑に適しているのだろうか。私たちは困惑しました。しかし、同じような時期に複数の地域の方々からも同様のことを指摘されました。

写真1　焼畑適地として紹介されたススキ草地
出所：筆者撮影。

翌年の区長である小谷與一さんに挨拶に行くと、「これまで（あなたたちの）焼畑を見てきて思うのだが……」と話しはじめました。前年の焼畑がコオロギの食害で惨憺たる状況だったことを知っていた小谷さんは、伐開から火入れ、播種に至るまで、焼畑について助言くださったのでした。そのなかでも、焼畑を拓くのはススキの生えるところであって樹林の混じるようなところではないことが指摘されていました。私たちの焼畑が地元に伝わるイメージとは異なるといった指摘を受けたことを本章の冒頭でも紹介しましたが、それも同じ頃でした。

私たちは、書物を通じたり海外で焼畑の現場を見たりして、焼畑は十分な樹齢の樹林を伐開して拓くのがよい、というイメージを描いていました。また、私たちのプロジェクトの当初のねらいが焼畑を通じて放置された里山の利用を再構築することにあり、この点からも当初の私たちは樹林での焼畑を目指す方向へと傾いてしまっていたのは否めません。

しかし、さすがに余呉の現場でこうした指摘が重なると、「焼畑は樹林を切り拓いて行うもの」というのは私たちの思い込みではないか、と考えるようになりました。そして、複数の方々から話を伺うなかで、次のようなことがみえてきました。中河内では１９６０年代まで焼畑は多くの世帯でなされてきたものの、自家消費用の栽培であり規模は小さかったこと。主たる現金収入源は製炭であったため、樹林は薪炭林として重要であり、焼畑のための空間としては認識されていなかったようであること。焼畑の主たる空間は山裾に広がる草地、とりわけススキ草地であったこと。その担い手はおもに女性であったこと（本書第10章）、などです。

ススキ株の除去は最小限に

地域の人びとからの助言のなかには、火入れ後には播種までに燃え残ったススキの株（以下、地元での呼び名にしたがって「カヤ株」と表記）を鍬で掘り起こして取り除く点も含まれていました。ススキは地表部に株を形成し、そこから茎を伸ばしますが、地中では地下茎を株から周囲に伸ばします。このように地面にしっかりと根を張るカヤ株は、大きいもので直径30～40㎝ほどもあり、これを一つひとつ鍬で掘り起こしていく作業はかなりの重労働です。そのため、私たちはこの作業をおろそかにしてきました。

それでは、在来知にしたがって火入れ後にカヤ株を除去して播種をすれば、カブラの生育が向上し、収穫量は増えるのでしょうか。そこで、火入れ直後の焼畑内にプロットを設定し、カヤ株除去の効果を検証することにしました。当初、私たちの予測は、カヤ株の除去によりカブラの栽培面積が増えることになり、そのために生産量が増える、というものでした。

カヤ株の除去作業をしながら気がついたのは、カヤ株からはさらに地下茎が地中で放射状に伸びているということです。それでは、この地下茎も合わせて除去した方がよいのでしょうか。作業時には地元住民が居合わせていなかったので尋ねることもできず、この時は地下茎を除去することにしました。その結果、プロット内の地表面はほぼ全面が掘り返されたような状態となり、地表の色がその部分だけ周囲と異なっていました。そして、これが思いがけない結果を導きます。

約1か月後、現場の状況を見に行くと、その状況に愕然としました。なんとプロットとその周辺にはエノコログサが密生し、とりわけカヤ株と地下茎を除去したプロット内での出現密度が明らかに高いのでした。どうやらカヤ株を掘り起こす際に、地中に眠っていた種子が地表に出て発芽したようです（本書第11章）。肝心のヤマカブラは数少なく、エノコログサに隠れるように細々と葉を広げているのでした。実験前には、カヤ株除去プロットからの収量は、手を入れないプロット内からの収量を大きく上回ると予想していましたが、まったく逆の結果となったのです（カブラの本数：カヤ株除去プロット38本、非除去プロット93本）。

そこで翌年は、「カヤ株をどの程度除去するのがよいのか」について調べるため、（1）カヤ株だけを除去する区画、（2）カヤ株と地下茎の両方を除去する区画、を比較することにしました。今度はエノコログサが出現することはなかったものの、（2）では発芽したカブラの若葉が一様に黄色くなっていました。つまり、地下茎まで除去すると、作物にはマイナスのインパクトを与えてしまうようなのです。この原因についてはさらなる分析が必要ですが、現時点でいえるのは、火入れ後にカヤ株を除去するものの、それは最小限に留め、播種後の鍬打ちも含めて、なるべく火入れ後の地表を撹乱しない方がよいということです。カヤ株除去は耕作面積を広げる効果をもたらす一方で、せっかく火入れ効果の及んだ地表面を撹乱してしまうリスクと裏合わせであることがみえてきました。つまり、鍬打ちとは種子を地中に浅く埋めることであり、土を耕すこととは異なるのです。

この点も実践しなければ浮かび上がってこなかったにちがいありません。

3 焼畑から見つめる地域社会の山野利用

焼畑以外の山との関わり

「ヤキバタを1年であらしてしまって、あんたら、もったいないな」。私たちが1年で焼畑地を移し、翌年には別の場所に移動することを見て、地域の女性がメンバーにこのようにつぶやいたことがあります。かつての中河内では、焼畑の初年にカブラやダイコンを植え、翌年以降には雑穀類に作物を切替えながら、長いところで4年間ほど耕作を続けて休閑します(本書第9章、第10章)。さらに、休閑地は無用の空間となるわけではなく、ワラビやフキといった山菜が姿を現します。先の言葉は、我々が一度拓いた焼畑を数年にわたって利用しない上に、「あらした」後に出現する山菜類に目を向けないことに向けられたものでした。

焼畑休閑地はどのように利用されてきたのでしょうか。そこで、その女性と一緒に焼畑休閑地に出かけたことがあります。数ある山菜のなかでもワラビはとくに重要で、中河内では「ワラビで坊さん3人養える」というほどでした。法事や彼岸などの仏事にお坊さんを招き、食事を提供する際にワラビが重要だったことが窺えます。ワラビ以外にも、フキやウドが採取できました。また、ヨモギやアザミの若芽も食用になることを、休閑地への道中に教わりました。ヨモギにも2種類あり、白い毛がうっすらと生えている種類は餅に混ぜ、毛がない種類は天ぷらによく、以前は前者の乾燥葉を和菓子原料として出荷していたそうです。

一方、一般に「山菜の女王」とよばれるゼンマイについては、その利用がほとんど聞かれませんでした。ゼンマイは山奥の深い谷にしかなく、遠くて危険な場所にわざわざ採りにいくことはなかったといいます。男性が炭焼きのために山に出かける一方で、女性は里の周辺が活動領域の中心だったことが関係しているのでしょう。

山菜以外にも森の恵みはあります。トチの実に加え、バイあるいはガヤとよばれるカヤ（榧）の実も珍重され、その採取には「口開け」がありました。キハダの樹皮も採取され、漢方薬の原料としてつい最近まで出荷されていました。

また、山裾に広がるススキ草地は焼畑用地でもありましたが、ススキは建造物の素材としても重要でした（黒田ほか２０２０）。晩秋に刈り取られたススキは、まず冬季に住居の雪囲いとして使われた後、屋根材として保管・利用されました。１９９０年代半ばまでは、寺の屋根の葺き替えに向けて、毎年、各戸が一定量のススキを供出する決まりになっていました。こうした素材としてのススキを採取する草地は焼畑用地とは別に位置づけられており、そこでは毎年ススキを刈り取ることで、良質のススキを維持していました。このように草地ひとつとっても、地域住民はいくつもの区分で使い分けていたのです。

このような話を聞いたり、かつての炭焼について懐かしそうに語る男性の様子を目にしたりするうちに、中河内の人びとにとって焼畑とは多様な山との関わりのひとつに過ぎず、中河内の暮らし全体のなかで焼畑をとらえ直すことが大切であるように思えてきました。また近年は、焼畑の生産性を休閑地からの産物をも視野に入れながら、長い時間単位で評価する視点も提唱されています（横山２０１７）。そこで、焼畑の休閑地に注目して、次の試みをしました。

休閑地に目を向ける

２０１８年、中河内における代表的な山菜であるワラビについて、焼畑休閑地から採取できる量を計測してみることにしました。ワラビは日当たりのよい条件を好み、春になり気温が上がると、他の植物に先立って芽を伸ばします（柳沢ほか２０１８：32〜33頁）。地元住民によれば、中河内では4月末頃からこれを採取し、茹がいた後に天日で干して保存していたといいます。一方で、「ワラビは盆前まで採れる」ともいいます。

そこで、（1）ワラビはいつまで採集できるのか、（2）休閑年数によってワラビの出現の度合いは異なるのか、について検討しようと、休閑年数が1〜3年の焼畑跡地3か所にそれぞれプロットを設定し、そこから食用に適する展葉していないワラビ若芽の採取量を測定しました。

結論からいえば、（1）については、ワラビ若芽の収量は5月初頭がもっとも多く、その後、収量は大きく減少しますが、それでも7月中旬まで一定の収量を保ち、8月初頭に収量が減少しました（図1）[(1)]。住民の言うように、ワラビは盆前まで萌芽することがわかりました。ただし、6月以降はワラビ以外の植物も丈を伸ばして葉を広げるようになり、藪のなかに入り込んでの採取作業では効率が著しく低下します。か

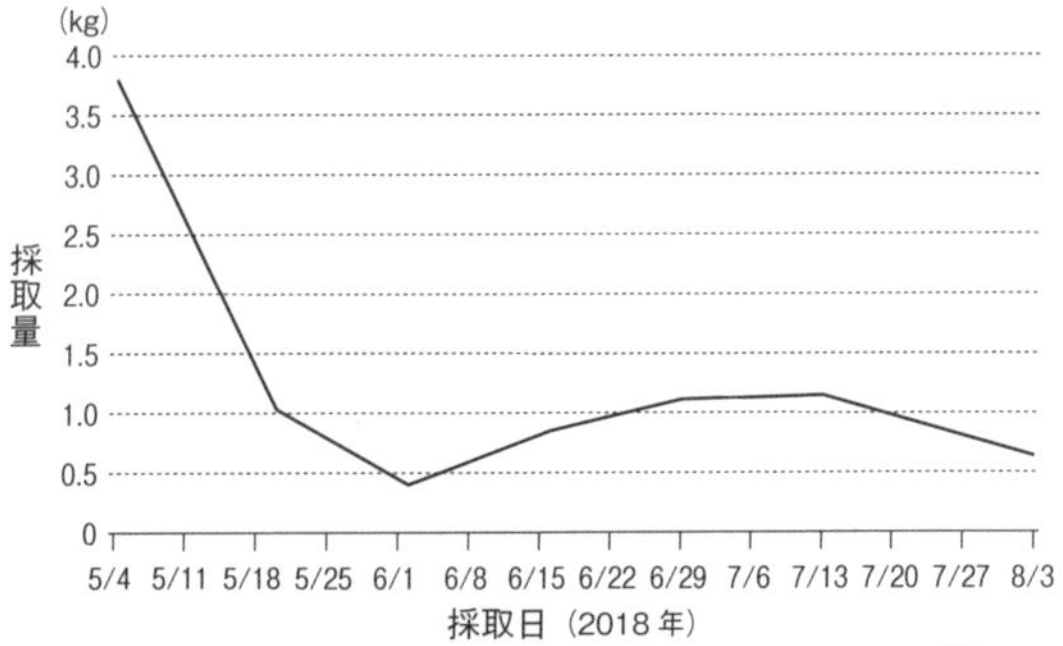

図1　休閑地（休閑3年目）におけるワラビの採取量[1]
出所：筆者作成。

つては、ワラビを採取するために梅雨の時期に茂みを刈り取り、ワラビの萌芽を促すことをする住民もいたそうで、密生した藪を目の前にすると、たしかにその方が効率的であると納得できます。

また、(2)については芳しい結果は得られませんでした。調査結果では休閑年数が長い区画での収量が多かったのですが、これは休閑年数という要因よりも、火入れ前のワラビの分布状況がより大きく関係しているように考えられるからです。ひとくちに休閑地といっても、中河内の人びとはワラビのよく出る場所とそうでない場所を見分けながら利用していたのかもしれません。

この調査の期間中には、約2週間ごとに休閑地に通いました。春から初夏にかけて休閑地の植生が次第に密になっていくなか、ときにタラやキイチゴの棘に悩まされながら、休閑3年目の植生状態を実感したのでした。

4　外部者とのつながりが生み出す新たな可能性

実践することの醍醐味

このように、私たちは中河内に通いながら焼畑復活に取り組んできました。国内では1950年代後半からの高度経済成長のなかで社会背景が大きく変わり、さらに住民の高齢化が進むなかで、地元住民が焼畑から離れて半世紀近くが経ちます。そうしたなかで外部者が地域で途絶えた焼畑を実践することには、どのような意義があるのでしょうか。

まず指摘できるのは、外部者だからこそ焼畑を新鮮な視点で見つめることができる、という点です。地元の人びとにとって当然のものであったり、もはや過去のものであったりすることがらに対して、外部者である私たちはそれらを新鮮な視線で見つめ、地元の人びとに尋ねてきました。また、私たちに重要な気づきや発見をもたらすきっかけとなったのが、実践中の失敗や戸惑いでした。焼畑実践の過程で浮かぶ疑問や困惑を地元の人びとに伝えると、はじめはぽつりぽつりと、やがて豊かな口調で語ってくれました。

焼畑経験者の記憶のなかに埋もれていた知恵や技が再び表出するのは、こうした外部者とのつながりのなかでしょう。このとき、焼畑とは昔話のなかで語られる過去のものではなく、実践として、まさに目の前で行われている現在進行形のことがらです。そこで地元住民から語られる焼畑の知識や技は外部者によって実際に試され、その結果が返ってくる双方向のやりとりです。このように、私たちの取り組みのなかで、在来知とは地元の焼畑経験者と外部者の実践とのかけあいのなかで浮かび上がり再構築されるもの、と考えることができます。

また、毎年の焼畑はそれぞれに違いがあります。気象条件の変動に加えて、焼畑では毎回場所が移動するために、地形や植生などの条件が少しずつ変わります。そのため、焼畑を実践する私たちには、毎回、新しい発見や疑問点が浮かび上がり、それが新たな展開へとつながってきました。みずからの実体験と好奇心を通して、地域に固有な在来知への理解を深めていくことは、焼畑実践の醍醐味であり、魅力であります。私たちの取り組みが10年以上も飽きることなく続いているのは、まさにこのためです。

このように、在来知を発掘し体系的に再構築する上で実践という方法はきわめて有効だといえます。

焼畑実践から広がる関わりの環

次に指摘できるのは、焼畑実践を軸としてさまざまな交流や関係性が生み出されつつあるという点です。まず、中河内の人びととの関わりについてです。11年目の焼畑に向けてその場所を検討する際には、地元から提案がありました。それまで私たちは、集落南方、つまり京都や彦根から中河内へ向かう場合には集落の手前の山裾に焼畑を拓いていました。そうしたなかで、今度は焼畑を集落の北側に拓いてはどうか、という声が住民から挙がったのです。集落南側に焼畑がある場合、私たちが焼畑の作業に来ても集落を通り抜けることはありません。けれども集落の北側に焼畑があれば、私たちは作業のたびに集落を通過することになり、地域の人びとと顔を合わす機会が増えます。こうした声をふまえて、2018年からは集落北側に焼畑地を選ぶことにしました（本書第8章）。

「中河内には3つの特産がある。トチ餅、シイタケ、エゴマ。4つ目に焼畑のカブラを加えたい」。収穫祭の場で、このような感想を話してくれた地元住民もいます。こうした言葉を聞けるようになったのも、地元の人びとも焼畑をそれまでとは違うように捉えるようになり、焼畑に新たな可能性を見出しているからなのかもしれません。

そして、近年新しく生まれつつあるのは、さらなる外部者との関わりです。10年以上の継続的な実践を通じて、焼畑の火入れ・収穫作業には、私たちの予想を超えた多様な世代、職業、関心・活動分野の人びとが参加し、関わるようになってきました。多様な人びとが関わることのできる機会を準備したことで、焼畑実践そのものが中河内に新たなつながりをもたらす場になりつつある、といえます。そうしたつながりの中から、たとえばヤマカブラに「食」を通じて新たな価値を見いだそうとする動きが生まれ（本書第13、14章）、地域おこし協力隊として余呉で活動する若者たちが林業という視点で焼畑にも関わりはじめています（本書第11章）。

5　地域資源としての焼畑

近年、地域づくりや地域再生を目指す取り組みのなかで、「地域資源」という用語をしばしば目にします。それでは、中河内の焼畑は地域資源として位置づけることができるのでしょうか。

地域資源とは、あるモノが同じ地域の自然環境条件や文化などと有機的につながっているためにそれぞれを切り離すことができず、現地から持ち出すことが難しいような「地域ならでは」の資源のことで、この点で一般的な資源と異なります（永田１９８８、結城２００９）。

現在における中河内の焼畑は、外部者を中心として行われているにすぎません。その点で焼畑は中河内の現代の暮らしから切り離された営みであり、もはや地域資源とはいえないかもしれません。けれども、そうなのでしょうか。ここでは、二つの点から中河内における焼畑の価値を地域資源と関連づけながら考えてみます。

第1は、現代日本社会にあって、外部者が焼畑を実践できるということの「かけがえのなさ」についてです。私たちは火入れを実現できる地域とめぐりあうために、滋賀県内の複数地域に数年間にわたり打診してきました。しかし、かつて林野への火入れを行っていた地域であっても、地域社会をとりまとめる役員がそうした経験を共有していない若い世代に交代している場合、火入れは危険なものとして認識されがちで、よい返事をもらうことはできませんでした。一方、中河内では住民の多くが焼畑を直接経験していることに加えて、林野の約8割が共有林であること、永井邦太郎さんという地元在住の焼畑耕作者による仲介など、さまざまな社会・文化的要因や人との縁が重なったことで、私たちの焼畑は実現したのでした。つまり、林野への火入れを許容してくれている中河内の人びとの度量なくしては、このプロジェクトは実現できなかったのであり、私たちの焼畑実践は中河内という場から引き離すことができないものなのです。

第2は、資源のもつ価値の創造性という点です。資源の価値とははじめからモノに備わっているものではなく、人間がモノに向ける視線のなかで創られていくものです。その意味で、資源としての価値は固定したものではなく、それはそこに関わる人間によって「見いだされ」「構築され」「更新されて」いくものではないでしょうか。たしかに現在の中河内の暮らしから見ると、焼畑は過去のものであり、かつてのような食料生産の点での価値は皆無に近い状況です。しかし、こうしたなかに、火野山ひろばのような外部者が焼畑に民俗文化や在来知、自然生態系といった角度から光を照らし、さらには在来作物や伝統食、地域林業に関心をもつ外部者が別の角度で焼畑を照らしだそうとしています。このように、現代という時代の文脈のなかで、地域住民とさまざまな背景をもつ外部者とが関わりながら、焼畑についての価値が新しく創出されつつあります。と同時に、焼畑をめぐる有機的なつながりも新しく生み出されようとしています。このように、中河内で復活した焼畑は、新しいかたちで地域資源として位置づけることができそうです。

火野山ひろばが10年以上にわたる実践を重ねるなかで、各メンバーはそれぞれに視野と関心を広げ、中河内という場で焼畑を多方面から掘り下げています。そこへ新しい外部者がさらに加わりながら、焼畑をめぐる有機的なつながりの環が広がりつつあると実感しています。焼畑を結節点としながら、その関係の環を広げ、中河内という地域にさまざまなかたちで思いを寄せる人が増えていくことが、地域に新しい「にぎわい」をもたらすこととなるのではないでしょうか。「過去と現在」「地域と外部」をつなぐ結節点としての焼畑実践。現代社会における焼畑の可能性はそこにあります。

注

（1）図1において、2018年6月1日以降にそれまで低下していた収穫量が上昇するようになったのは、収穫するワラビ若芽の基準を変えたことが関係しています。6月1日以前は枝分かれしていない一本芽だけを収穫していましたが、それ以降はこれに加えて、展葉はしていないものの枝分かれしている若芽も合わせて収穫することにしました。これは、地元住民が枝分かれした若芽も食用にすることを聞いたためです。

参考文献

黒田末寿・今北哲也・是永宙（2020）「地域資源としての茅原」『農業と経済』86巻6号、75～80頁
島上宗子（2011）「コオロ焼き」『実践型地域研究ニューズレター　ざいちのち』№38、京都大学東南アジア研究所実践型地域研究推進室、1頁
永田恵十郎（1988）『地域資源の国民的利用——新しい視座を定めるために』農山漁村文化協会
柳沢直・柏春菜・竹田勝博・松本八十二（2018）『萱（地域資源を活かす　生活工芸双書）』農山漁村文化協会
結城登美雄（2009）『地元学からの出発——この土地に生きた人びとの声に耳を傾ける（シリーズ地域の再生1）』農山漁村文化協会
横山智（2017）「新たな価値付けが求められる焼畑」井上真編『東南アジア地域研究入門　1　環境』慶應義塾大学出版会、91～112頁

野ウサギ、ワラビ、サシバ舞う「くらしの山野」
——子らと先人は出会う

「火野山ひろば」呼びかけ人　今北　哲也

ワラビで迎える山の神さん

「これ食べてみいや」。差しだされた小皿にはワラビの和えものが載っていた。おいしい。十数年前、2軒隣の軒先を通りかかったときのことだ。サビラキ（さ開き）をしてサツキ（田植え）が始まる。その御供えだとおそわった。山椒の新芽と味噌を摺ってワラビに和え、豆の粉を振る。ご飯と一緒に朴葉（ほおば）に盛る。焼き魚も添えて居間の神棚に供える（写真1）。

苗代から12把の洗った苗を苗舟にうつし、6人の五月女（ショットメ）に2把ずつ持ち分かれてもらってサツキがはじまる。ここまでがサビラキである。田植えの終いはサナブリ（さ昇り）である。田拵えの道具の使い手、男の役目になる。洗った鋤、鍬、杁（えぶり）など道具類を家のニワで立てかける。田面を均す杁の板を天に向け、やはり朴葉に盛ったワラビ、ご飯を載せる。無事にサツキを済ませたことに感謝し、神さんには山に帰ってもらう。

列島の山懐に暮らしてきた人達たいていがそうであったように、ここ近江、若狭、丹波の國境（くにざかい）の村々でも野や山が暮らしの拠り所であった。米づくりが藪沢（そうたく）に根付いていく以前からの暮らしのかたちがあったとすれば一層、野山がもたらしてくれる糧こそ頼りだ。稲穂になぞらえたワラビのむこうに、もう一つのワラビが浮かぶ。

琵琶湖にそそぐ安曇川（あど）を遡ると比良山系本流と分かれ、北川、麻

写真1　朴葉に載せられたお供えワラビ
出所：筆者撮影。

生川、針畑(はりはた)川に各々入る。針畑川上流に古屋(ふるや)、中牧(なかまき)、生杉(おいすぎ)、小入谷(おにゅうだに)の四集落がひらけ、北川上流の能家(のうげ)と合わせて針畑と呼ばれてきた。その生杉で私の針畑暮らしは始まった。1975年のことだ。

「干しわらび千連」の伝聞

「この針畑は、焼畑をして、開墾していったもんやて聞いている。ここらは昔、叡山の支配をうけとったさけ、そのじぶんの年貢は、わらび千連ちゅうて、干しわらびを縄で編んで千連、叡山に差し出したらよかった。わらびを年貢にしたちゅうことは、ここら荒野(あれの)か草山(くさやま)やったんやろうかなあ」。(玉木京編『朽木の昔話と伝説』1977)

針畑を含む朽木村全域の年寄りからの聞き取りをまとめた冊子の一節だ。生杉にUターンして久しい同年配者宅で「野焼きのワラビ」を話題にすると、すぐさま「干しわらび千連」の一節が指し示された。私には事件だった。とつぜん千年前の時空に飛ばされた感だ。野山と火と針畑人の時空に。

　前のめりのまま、戦前生まれの女性二人に「干しわらびを連にしてこしらえたことは?」と聞いてみた。「知っとるでぇ。母親が編んでるのを見とったし、私もできるでぇ」。電話のむこうではっきりした答え。手順もわかりやすく話してくれた。ざっとこんな具合である。

　綯(な)うた縄は使わない。ワラだけで編む。割り大根(ダイコンを細長く切って干物にする)やズイキを干す編み方と同じであった。ワラ束からしゃんとした長そうなのを選(す)って2本ずつ両手にもち、ワラビを数本ずつ生のまま連に編んでいく。およそ8～10か所くらいワラに載せられる。仕上がったものが半連。半連2つくくって一連。

「ビニールひもはあかん、ワラビが乾いていくと瘦せて縄からすり抜けるやろ」。

　ワラビは特にアク抜きはしない。連に仕上げ揃えたワラビ束ごとに、茎を折ったコグチにちょんちょんと灰を付けて念を入れる年寄りもいた、という。

　軒下に吊るして、「干しわらび」に仕上げる。もどして食べるときにもアク抜きせずとも苦みもなくおいしく食べられる。連ではなく、ゼンマイのように莚（むしろ）干しでひろげて揉んでひろげて揉んで乾かす場合もある。

「干しわらび千連」が想像させる針畑の野山

郷土史家によれば、この地域が「治幡荘（はりはた）」として荘園の差配の下にあったのは12世紀のこと。干しわらびが上納物として叡山に納められていたという。自家消費のみならず叡山を経由して麓の大津、京都の市で商品流通していったのだろう。干しわらびは他の畿内荘園でもリストにあがっている。

鈴木によれば、比叡山延暦寺一帯は聖地であるが広大な山域ゆえ資源の開発者たちをひきつけた。用材、造船、足駄、紺灰（こんばい）など産品需要が高まり、延暦寺ひざ元の葛川（かつらがわ）の領域へ他荘からの流入者が増えていく。気候変動による飢饉も重なって、山嶺付近では盛んに焼畑がひらかれ大豆、小豆、五穀が栽培されたという。（鈴木伸二「中世の開発フロンティア・葛川の民族誌」『民俗文化』No.30、2018）

叡山の記録と同時代かどうかは不明だけれど、針畑にもかつて雑穀の稗（ひえ）が備蓄され、干しわらび、干しふき、干しぜんまいは飢饉をしのぐ大切な野草であった。針畑の山野遺産といって差し支えない。

「わらび千連を年貢にしたということは、このあたりは荒野か草山だったんだろう」と、伝聞の語り手はワラビが年貢にされるくらい生えひろがる野山を想像している。

田んぼづくりに伴う山焼きは1960年代頃まで続いていた。毎春に山野を焼き、生え出たコナラなど若い柴草を夏の土用に刈り集め、田の肥草（こえくさ）にする刈敷慣行（ホトラヤマ）である。わらび千連の時代にはさらに広い草山が拡がっていたということか。

野焼き、山焼きでやわらかい草々や木柴（こしば）の新芽が顔を出す。ワラビ、ヨモギ、イタドリ、ゼンマイ……。種を播く要なく焼け跡一面、野草が生えでる。ワラビの根にはデンプンが蓄えられ、各地で救荒食にもなった。火入れ慣行が途絶えて50年。ホトラヤマのコナラ幼木は人手が入らず太くて高い老齢林となった。林床は薄暗くなった。山菜、野草や自然薯、ユリ根など若い山や野の恵みを得ることは難しくなってしまった。

野山の記憶

敗戦直後、進駐軍のジープが行き交う故郷・大津の街でも、野山は子らの恰好の遊び場だった。火入れでひらかれる野山のイメージを、子供時代の記憶にかさねて想像してみたい。

線路横のイタドリを手折って皮をむく。齧ってペッと吐く、また齧る。トンボとドジョウの田んぼを越えると自分たちの裏山へ入ってゆける。木柴で穴蔵っぽいかたちをこしらえ、背をかがめて藪中を出入りする。蔓に思いきり身をゆだね谷渡り、とはいってもせいぜい窪んだ処を跳んでみせるターザンごっこだ。藪を払い、踏み歩き、跳びはね、自分らのテリトリーができていく。そこを根城に「えもの」の見取り図が共有されていたのかもしれない。みつけたポイントを「○○のスイバ」と呼んでいた。池のザリガニも釣った。竿糸には皮を剥いた蛙がぶら下がっている。採取場、狩り場が増えていくような気分だったろうか。

野山の「スイバ」は針畑谷の場合、山焼き（ホトラヤマ）慣行の賜物ともいえる。春焼き跡から夏へ、湧くような若い柴草は田んぼの土養いだけれど、野兎たちの養いグサでもあった。子らの「えもの」の一番は雪中の野兎だった。地元の男性が話してくれた（1953年生まれ）。

「竹藪のけもののみちで、しなった竹に仕掛けるとか、おやじに教わった。学校行く朝仕掛けとく。帰ったら一目散にワナ目がけてな。長男やったさけかなあ、めったに褒められたことなかったけど、兎かかったときは褒めてくれたなあ。おやじが稲木に針金ごと吊るして皮むいた。骨はトントン叩いてツクネにしたし、じゅんじゅ（すき焼き）で、大根入れてよばれたわ。癖のうてトリ肉みたいな感じ。週に一羽、二羽くらい捕れてたかなあ。」

新雪のたびにみる兎の蹴り跡は珍しくなっている。「最近ほんまにおらんようになったなぁ」。「ホトラヤマや近場のカヤダイラとか、ノッパラ（野原）が消えてしもうたさけなあ」。

うなずきあうしかない。藪さえもありそうで意外と見あたらない。兎の子を餌食にするという狐もそういえば減っているようだ。

火野山の春

県内で火入れできる山がみつかるまで10余年ほど、「福井焼畑の会」で山焼き体験させてもらっていた。2007年夏、湖北・余呉の山で念願の焼畑火入れができた。

3年目の現場は一面のササ原だった。地元の焼畑師匠が山の神さんを仰いで祝詞をあげる。地元から街から40名近く裾に控える。尾から山裾へ火を下していく。炎がすごい勢いで巻いていく。ササの稈がバチバチと爆ぜる。迫力ある時間は余呉の記憶では断トツだった。

余呉の山にめぐりあう30年前、山での焼畑を夢みて、地元針畑で道の土手を焼いて小豆を播いた。イタドリやカヤ、クズ、スギナが生え、川砂利が目立つ土手だった。作物ができそうもない法面（のりめん）を刈り払い、日暮れを待って3人の学生と一緒に火を入れた。7月半夏生（ハゲッショ）あとだった。

二畝足らず、土気のない法面に針畑小豆はそだち、夏の枝葉はピンと張ってうつくしかった。こんなところでも針畑らしい俵形、虫喰いもないきれいな小豆ができてしまうのか！うれしいより何より驚いてしまった（写真2、写真3）。

そのとき想い出していた。初めて針畑で貸してもらった2枚の元田んぼは小豆畑の道向こうのカヤ

㊨写真２　７月半夏生に土手を焼く（2001年）
㊧写真３　焼いた土手に針畑在来小豆が豊かに実った（2001年秋）
出所：筆者撮影。

原だった。秋口から唐鍬で一つひとつのカヤ株を起こし、ようやく2枚目になった翌春、みかねた持ち主から「火を入れよう」と声がかかった。指図をもらって山裾のスギ枝を落とし、水路に枝葉ごと浸す。火叩きの態勢をとる。陽が落ち、雪倒れのカヤをなめていく意外と落ち着いた火の移りを憶えている。1976年、これが生まれて初めての野火だった。地元でおしえてもらった火入れだった。

焼かれた山土のちからにすがって作物はそだっていく。山焼き、野焼き、土手焼き、畠焼き、荒れ田焼き。火入れゾーンはどこにもある。

2005年に訪ねたインドネシア・スラウェシの陸稲焼畑の村では、二十歳にもならない若者が、煙が残る山裾に立っていた。1人で焼いたのだという。オーストラリア先住民の村で暮らした研究者は、写真「子どもの火つけ」でこう紹介している。「幼児の頃から火の恐ろしさを教えられ、八歳くらいで火おこしを覚え、リーダーに率いられた遊びで、火を放ち草原の掃除を習う」と（小山修三『森と生きる』山川出版社、2002年）。

ヒトは子どもの時から火とつきあってきた。子らから大人まで、女も男も、火をあつかうのはヒトの当たり前だ。野焼き、山焼き、焼畑、刈敷の山焼き、生業（なりわい）のしくみは異なれど、基に生きもの若返りのリズムがある。夏焼きの野にやわらかいヨゴミが、イタドリが、ゼンマイが、ワラビが、フキが、ゴマナさえも。火がはたらく。生き物が蠢く。野山が若返る。子らが遊ぶ。夏でもこれが火野山の春。多様の重奏。

南の島より渡り鳥。
ピックイー、ピックイー。
針畑谷の大気に舞うサシバ。
つがいが告げる春。
雪下に伏せったフルセのカヤ。
はしらぐカヤ。
野焼き・山焼きの季節（とき）、
野兎も狐も蛙も蛇も、
山の菜も野の菜も草々も、
春めく土にざわついている。
そのときサワラビをわっかに編んでみよう。

番外編　漫画でわかる！大学教員が焼畑をはじめてみた

ススキ草地の焼畑

9,10,11,14章参照

当初、焼畑は**樹林を切り拓いて行うもの**と思っていました。
木を伐採して
荒廃する里山を火入れで若返らせるぞ!!
燃やす!
燃やすもの(木)が多ければ効果も大きいのでは!!
ところが

焼畑にええ場所知ってるで！
2011年ヤマカブラ収穫祭にて
ワシが前から目を付けていたトコロや!
おお!
ぜひ案内して下さい！

ここや!!
さわわわ
さわわわ
えっ?!
ススキの草地?!
樹林じゃないのか…

原作・火野山ひろば
漫画・西村　佳美

逆焼き(さかやき)

9,11章参照

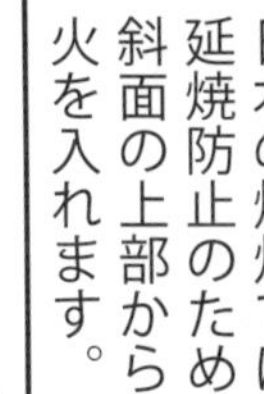

ススキの株を掘り起こしてみたら…　14章参照

火入れの熱と発芽率

10,11章参照

コオロギ駆除の伝統的手法『コオロ焼き』

11章参照

下切り

9,12章参照

形で選別
丸
台形
長
種とり用に、ある程度生育したヤマカブラをいったん抜いて選別し、
※色や葉形などもチェックします。
再び植えて種を実らせるのですが…
交雑防止にネットで囲う
丸
台
長
選別する時、**下切り**します。
植えなおす
食べる
切る!!
下切りすると、開花が早まるので他のアブラナ科植物と交雑しにくくなるんだ!!
そしてもうひとつ
切ったときに硬すぎるカブラは捨てるんやで。
生産加工組合のIさん
しかも中の赤みも確認できて一石三鳥!
すごいぞ下切り!!
そして上だけで花を咲かせ種をつけるヤマカブラつよい!!!
下切りのおかげで「**赤みが強く、ほどよい硬さ**」のヤマカブラを選別しやすくなりました。
毎年、中が赤いのを吟味して種をとってたの。ちょっと切ったらわかります。
なるほど!!

クセがあるのがクセになる　13章参照

スーパーなどで売られている野菜に比べると

いろんな意味で規格外な、クセの強いヤマカブラ

焼畑は女の仕事!?

10章参照

＊鍬で打つ＝鍬で軽く浅く耕すこと

あとがき

現代において、焼畑に取り組むことはどのような意義があるのだろうか——本書はこうした関心について、焼畑をめぐる捉え方を科学・政策・社会史の視点からたどるとともに、日本各地や私たち「火野山ひろば」の焼畑の取り組みについて掘り下げながら考えてきました。本書が示してきたように、現代の焼畑にはたんなる食料生産の域を超え、食や地域振興の視点から地域資源として見直す動き、農林複合や里山再生、教育、五感を刺激し高揚感をもたらす面白さなど、様々な意義や魅力があります。そのように見てみれば、科学技術が発展し飽食である現代においても焼畑に取り組むということは、まったく突飛なことではありません。

現代日本では、農山村での人口減少や遊休状態にある農地や林野の増加などが、地域の枠を超えた社会問題となっています。こうしたなか、少しでも多くの人がそれぞれにできることや興味あることから動き出すことが大切だと考えています。そして、その関わり方は多様であってよいはずです。そのなかで焼畑は、「自然—人」「農山村—都市」「過去—現在—未来」をつなぐ手段として遜色なく位置づけることができる、と私たちは確信しています。

焼畑は山野への火入れを伴うため、あらゆる地域で容易に行えるものではありません。けれども諸条件が整えば、新しい気づきや楽しみ、つながりを生み出す手がかりとなります。焼畑がこれからの食・森・地域を切り拓く手だてとして再評価されることを願っています。

＊＊＊

本書は、さまざまな方々のサポートと縁でかたちになりました。各地域での焼畑の取り組みを直接的あるいは間接的に支えている方々とのつながりが、本書を企画する原動力となりました。火野山ひろばの取り組みについて言えば、活動拠点である滋賀県長浜市余呉の方々からのご理解とご協力がなければ、ここまで継続・発展することはできませんでした。

また、本書表紙と挿入画（第13章）、４コマ漫画はイラストレーターの西村佳美さんに描いていただきました。西村さんはかねてから在来野菜に興味をもち、２０１７年から余呉の焼畑作業に参加され、ヤマカブラの販路拡大の上でもお世話になりました。漫画挿入等のアイディアは、あらたな出版社としてスタートを切られた実生社の越道京子さんによるところが少なくありません。雑誌『農業と経済』で焼畑の小特集を担当くださった越道さんからの提案により、本書のタネがまかれました。なかなか伸びなかったその芽を大きく育ててくださった越道さんに感謝いたします。

こうした焼畑がつなぐ縁により、本書はこれまでの研究書にはないやわらかな構成で仕上がりました。

これからも、焼畑を軸とする縁が思いがけない方面へますます広がりますように。

編者を代表して　増田和也

火野山ひろばの活動は、２００８年度から２０１１年度まで京都大学生存基盤科学研究ユニット／東南アジア研究所の実践型地域研究プロジェクトの一環としてサポートを受けました。第３部の参考文献に本プロジェクト関連の資料が多いのは、そのためです。関連資料は京都大学学術情報リポジトリよりダウンロードできます。

「京都大学学術情報リポジトリ」 https://repository.kulib.kyoto-u.ac.jp/dspace/handle/2433/147102

本書の刊行および焼畑フォーラムの開催は、以下の日本学術振興会・科学研究費補助金（いずれも基盤研究B、研究代表：鈴木玲治）による補助を受けています。「焼畑の技術と知恵を活かした日本の森づくりに資する実践的地域研究」（２０１１〜１５年度、課題番号２３３１０１７９）、「焼畑の在来知を活かした日本の食・森・地域の再生：地域特性に応じた生業モデルの構築」（２０１６〜２０年度、課題番号１６Ｈ０３３２１）、「焼畑による地域資源の活用と創出：日本各地の焼畑復活から描く食・森・地域の再構築」（２０２１〜２５年度、課題番号２１Ｈ０３６９７）。

小池　浩一郎　こいけ・こういちろう（7章3、コラム）

島根大学名誉教授。1952年生まれ。専門は林学。博士（農学）。財団法人林政総合調査研究所を経て、1995年～2017年島根大学生物資源科学部教員、前木質バイオマス利用研究会代表。著書に『森林資源勘定——北欧の経験・アジアの試み』（アジア経済研究所）ほか。

黒田　末寿　くろだ・すえひさ（9章）

滋賀県立大学名誉教授。理学博士。類人猿社会の進化と焼畑を研究。著書に『人類進化再考』（以文社）、『自然学の未来』（弘文堂）、『わざの人類学』（分担執筆・京都大学学術出版会）など。

島上　宗子　しまがみ・もとこ（10章）

愛媛大学国際連携推進機構准教授。専門は東南アジア地域研究。インドネシアの農山村で村落自治、資源管理をテーマとした研究に従事。京都大学研究員時代から火野山ひろばの活動に関わる。一般社団法人あいあいネット副代表理事。

野間　直彦　のま・なおひこ（12章）

滋賀県立大学環境科学部准教授。1965年生まれ。専門は植物生態学。里山の生物の現状と種子散布、琵琶湖のオオバナミズキンバイの研究などに従事する。火野山ひろばの活動に参加し、余呉町で焼畑を実践。

河野　元子　かわの・もとこ（13章）

総合地球環境学研究所客員准教授。専門は比較政治経済。東南アジアの資源利用型産業の比較研究をする一方で、琵琶湖周辺地振興をめざした実践活動を行うなかで火野山ひろばの活動に関わる。

今北　哲也　いまきた・てつや（コラム）

「火野山ひろば」呼びかけ人。1946年生まれ。滋賀県旧朽木村針畑で山林労務の稼ぎと自家用田畑で暮らし始める(29歳)。ハタケにはまり地域の先輩女性たちと杣烽舎（せんぽうしゃ）グループを結成。産消提携で山里の産品を商品化。2005年、火野山ひろばを呼びかける。

田形　治　たがた・おさむ（4章3）

手打ち蕎麦たがた。1968年生まれ。静岡市内に手打ち蕎麦店を開業し18年に至る。静岡在来蕎麦ブランド化推進協議会代表・オクシズ在来作物連絡協議会会長。特に焼畑在来蕎麦の魅力を自身が営む蕎麦店を通じ、食からダイレクトにわかりやすく発信することに注力している。

杉本　史生　すぎもと・ふみお（4章4）

オフィス里地里山代表。1975年生まれ。農学博士（京都大学）。専門は農業経済学、環境教育論、農業教育論。博士論文「食文化と里山をめぐる環境教育の教材・プログラム開発の基礎研究」2015年。

中村　純　なかむら・じゅん（5章1）

鶴岡市温海庁舎産業建設課産業建設専門員。1973年山形県温海町生まれ。1992年に温海町役場に入庁。林業担当の2015年にスギ伐採跡地を焼畑あつみかぶ栽培で利用し、再造林経費に充当する事業に取り組む。2017年4月より現職。

鈴木　伸之助　すずき・しんのすけ（5章2）

山形県温海町森林組合代表理事専務。1960年山形県温海町生まれ。1978年に温海町森林組合に入組。情勢変化に対応した製材事業への転換や提案型集約施業等に取り組む。2020年3月末に定年退職し、6月より理事に就任。

板垣　喜美男　いたがき・きみお（5章3）

Galleryえん代表、こだわり工房 えん副代表。1956年生まれ。1970年、新潟県村上高等学校卒業。2017年3月、新潟県村上市役所を定年退職。2017年4月、Galleryえんを開業するとともに農林業に従事。山焼きの赤かぶ栽培を本格的に始める。

平山　俊臣　ひらやま・としおみ（6章2）

水上焼畑の会。フェイスブック https://www.facebook.com/mizukami.yakihata/

山口　聰　やまぐち・さとし（7章1）

林間園芸研究センター主宰（元愛媛大学焼畑の会顧問）。1947年生まれ。前玉川大学教授。専門は植物育種学、栽培植物起源論。民族植物調査で、ベトナム、インド、タイ、中国奥地の焼畑現場に遭遇。愛媛大学農学部焼畑の会顧問の後、高知県仁淀川町で焼畑の実践に取り組んでいる。

面代　真樹　おもじろ・まさき（7章2）

森と畑と牛と幹事。1966年生まれ。書籍編集、学校法人再生事業、中山間地域NPO活動をへて、山を墾(は)り本をつくることなどを自営。

◆　編者紹介

鈴木　玲治　**すずき・れいじ（1章、11章）**

京都先端科学大学バイオ環境学部教授。1971年生まれ。専門は森林環境学、土壌学。東南アジアと日本での焼畑研究に従事し、火野山ひろばの活動に参加。近年は日本各地の焼畑実践地を訪問し、焼畑を活かした里山再生の可能性を探る。

大石　高典　**おおいし・たかのり（3章、4章2、4章3）**

東京外国語大学大学院総合国際学研究院准教授。1978年生まれ。専門は人類学、アフリカ地域研究。アフリカ中部の熱帯林で焼畑農耕民バクウェレとつき合う。農学部での卒業研究以来、日本の焼畑に関心を持ち、火野山ひろばの活動に参加している。

増田　和也　**ますだ・かずや（8章、14章）**

高知大学農林海洋科学部准教授。1971年生まれ。専門は環境人類学、東南アジア地域研究。農山村における社会動態と自然資源利用の関連について研究。インドネシア滞在中に焼畑と出会い、火野山ひろばの活動に関わる。

辻本　侑生　**つじもと・ゆうき（2章、6章1）**

弘前大学地域創生本部助教。1992年神奈川県生まれ。専門は民俗学・歴史地理学。登山をきっかけに焼畑の世界に魅了され、高校2年生の夏に福井市味見河内を訪問。以降「福井焼き畑の会」の活動に参加し、現在に至る。

◆　執筆者紹介

椎葉　勝　**しいば・まさる（4章1）**

焼畑継承者、民宿焼畑経営。1953年、宮崎県椎葉村生まれ。島根県出雲市へ移住し、椎葉村へ帰村して25年。地域おこしのために「焼畑蕎麦苦楽部」結成。同時に焼畑粒々飯々共同作業体験場を建設。猪や鹿などとの共存のため、栗1万本を植樹するなどエサ場を提供することにより田畑被害の減少に成功。モットーは「山は友達　命の源（命水は山から）」。

望月　正人　**もちづき・まさと（4章2）**

「井川焼畑倶楽部　結（ゆい）のなかま」代表。1952年生まれ。2011年、50年ぶりに伝統の焼畑農業を復活させた。茶園の耕作放棄地に焼畑をおこない、3～4年は雑穀（ヒエ・アワ・キビなど）栽培し、その後、山桜、コナラ、ウルシの木を植林する。コナラはしいたけのホダ木になり、ウルシは市と協力（工芸品に活用）する予定。山桜が咲けば美しい景色が広がる地域振興につながるよう、今後も続けていく。

望月　仁美　**もちづき・ひとみ（4章2）**

「井川焼畑倶楽部　結（ゆい）のなかま」。1953年生まれ。井川に残る在来作物の継承と昔から伝わる食の文化を次世代に伝えていくことを目標に今後も続けていく。

シリーズ　地域の未来に種をまく

焼畑が地域を豊かにする
――火入れからはじめる地域づくり

2022年3月31日　初版第1刷発行

編著者　鈴木玲治・大石高典・増田和也・辻本侑生

発行者　越道京子

発行所　株式会社 実生社（みしょうしゃ）　〒603-8406 京都市北区大宮東小野堀町25番地1
TEL（075）491-1575

印　刷　中村印刷
装　画　西村佳美
カバーデザイン　スタジオ トラミーケ

ISBN 978-4-910686-03-5